AGRICULTURE FRANCAISE.

DÉPARTEMENT DU TARN.

AGRICULTURE

FRANÇAISE,

PAR MM. LES INSPECTEURS DE L'AGRICULTURE,

PUBLIÉ

D'APRÈS LES ORDRES DE M. LE MINISTRE

DE L'AGRICULTURE ET DU COMMERCE.

DEPARTEMENT DU TARN.

PARIS.

IMPRIMERIE ROYALE.

M DCCC XLV.

PRÉFACE.

En commençant l'étude du département du Tarn, nous comptions nous borner au rôle de simple historien, et laisser au lecteur le soin d'apprécier les faits et de former lui-même ses jugements. Dans notre pensée, nous n'avions nul besoin de conclure ; le blâme ou l'éloge découlait naturellement du récit : la tâche de l'auteur consistait à bien voir et à se mettre en garde contre les renseignements erronés.

Grâces à l'extrême bienveillance qui distingue les propriétaires du Tarn, nous avons pu nous procurer de nombreux documents sur l'agriculture du pays ; mais on nous a imposé, en échange, l'obligation d'émettre notre opinion sur les pratiques usitées dans le département. Cette mission délicate, nous avons cherché à la remplir en nous effaçant, autant que possible, derrière les exemples tirés du pays même, en dégageant nos conseils de tout esprit de système, et en revêtant la critique de cette modération sans laquelle elle cesse d'être légitime et manque son but utile : c'est sous ce double point de vue que cet ouvrage a été composé.

Il se divise en quatre parties.

La première renferme les notions générales sur le département, et traite de la population agricole, de la composition des propriétés rurales, du salaire des ouvriers, des différentes manières de conduire les exploitations, des instruments aratoires, des engrais, des amendements et des assolements.

La seconde partie est consacrée exclusivement à la culture des plantes.

La troisième concerne le bétail, et contient aussi quelques notions succinctes sur la fabrica tion du fromage, l'engraissement de la volaille et l'industrie séricicole.

Enfin, la quatrième et dernière partie comprend la description abrégée de l'une des exploitations qui nous ont paru le mieux dirigées.

Dans l'accomplissement de notre œuvre, nous avons été puissamment secondé par un grand nombre de propriétaires qui ont bien voulu nous éclairer de leurs lumières et de leur expérience. Nous sommes heureux de citer les noms de MM. le comte d'Aragon, à Saliès; Bès, à Brassac; Caminade, à Salvagnac; Cambon et Cabanes, à Lacaune; de Carrière, à Briatext, Rabastens et Gaillac; A. Clausade, à Rabastens; A. Combes, à Castres; Dalayrac, à Cordes; Delrieu, à Trévien; Descolis, à la Brandière, près d'Alban; Deshons, à Randoul; Dubois, à Vaour; Dubernard, à Albi; Favier, à Cuq; Gorsse, à Albi; de Guérin, près d'Andillac; Houlès, à Anglès; Lanoux, près Lautrec; de Lasbordes, près d'Albi; David-Julien Loup, à Vabre; de Marliave, à Lafenasse; Marty, à Ambres; vicomte de Martrin, à Saïx; Montalivet, dans l'arrondissement de Lavaur; Pinel-Pagès, à Flamarens; Pous, à Lugan; Rivals, à Verdalle; baron Charles Seré de Rivières, à Rivières; comte de Villeneuve, à Hauterive : nous les prions d'agréer ici l'expression de notre sincère reconnaissance.

AGRICULTURE

DU

DÉPARTEMENT DU TARN.

PREMIÈRE PARTIE.

SITUATION GÉOGRAPHIQUE DU DÉPARTEMENT.

Le département du Tarn est formé des anciens diocèses d'Albi, de Castres et de Lavaur, dépendants autrefois du haut Languedoc ; il tire son nom de sa principale rivière, le Tarn, qui l'arrose de l'est à l'ouest et le divise en deux parties inégales. Il est situé dans la région du sud-ouest de la France, entre le 43ᵉ degré 22 minutes 15 secondes et le 44ᵉ degré 10 minutes 30 secondes de latitude ; sa longitude s'étend à 0,30 minutes à l'est du méridien de Paris, et o,45 minutes 3o secondes à l'ouest du même méridien.

Ses limites sont : au nord et au nord-est, le département de l'Aveyron; au sud, le département de l'Aude; à l'ouest, les départements de la Haute-Garonne et de Tarn-et-Garonne ; au sud-est, le département de l'Hérault; sa plus grande étendue est du nord-ouest au sud-est. Il se divise en 4 arrondissements : Albi, Gaillac, Lavaur et Castres, subdivisés eux-mêmes en 35 cantons. Sa superficie totale est de 573,977 hectares, répartis agricolement ainsi qu'il suit :

CONTENANCE imposable.	TERRES labourables.	PRÉS.	VIGNES.	BOIS.	CHÂTAIGNERAIES.	PÂTURES, friches et bruyères.	CONTENANCE non imposable en routes, rivières, etc.
553,572ʰ	307,314ʰ	42,479ʰ	31,469ʰ	85,450ʰ	9,825ʰ	71,345ʰ	20,405ʰ

Chaque arrondissement se classe ainsi d'après ses cultures :

ARRONDIS-SEMENTS.	CONTENANCE EN HECTARES des					
	TERRES.	PRÉS.	VIGNES.	BOIS.	CHÂTAI-GNERAIES.	PÂTURES, friches et bruyères.
Albi....	74,135^h	11,962^h	7,061^h	19,362^h	8,432^h	18,032^h
Castres..	110,648	21,821	4,726	33,189	810	39,395
Gaillac..	67,220	5,162	14,027	23,195	583	9,824
Lavaur..	55,311	3,534	5.655	9,704	"	4,094

ASPECT GÉNÉRAL DU DÉPARTEMENT.

Le département du Tarn est très-accidenté. Défendu par de hautes montagnes à l'est et au sud, son territoire se partage en coteaux, plaines et vallons. Pour en saisir l'ensemble, il faut se placer un instant par la pensée au sommet du Montalet. De ce point culminant, un vaste panorama se déroule aux regards. A l'est et au nord, s'étend la chaîne de montagnes qui sépare le département du Tarn de celui de l'Aveyron et va se relier aux montagnes de l'Auvergne ; cette chaîne enferme les

cantons montueux d'Alban, Valence, Valderiès et Pampelonne. En tirant vers le sud, on
plonge sur ce réseau de montagnes, contre-
fort des Cévennes, qui embrasse les cantons
de Montredon, Roquecourbe, Vabre, Lacaune,
Murat, Anglès et Brassac, et laisse presque
aux portes de Castres la montagne granitique
du Sidobre, détachée sur le premier plan.
La ligne extrême du sud est occupée par la
montagne Noire ; à ses pieds, s'abrite la vallée
de Saint-Amans ; chemin faisant, elle se rat-
tache aux vallons de Mazamet, Labruguière,
Aiguefonde, Escoussens : tous vont aboutir
à la belle plaine de Revel. Castres voit commencer la série de coteaux plus ou moins
élevés, plus ou moins abrupts, dont les nombreuses ramifications se projettent dans les
cantons de Vielmur, Puylaurens, Lautrec,
Saint-Paul, Réalmont et Graulhet. Les vallées
qu'ils recèlent débouchent les unes dans les
autres et finissent par se perdre dans la riche
plaine de Gaillac. Au delà du Tarn, le terrain

reprend son aspect général ; la région des coteaux reparaît. Non loin d'Albi, ce n'est plus
qu'une suite d'exhaussements interrompus, de
distance en distance, par les vallées enrichies
de leurs dépouilles. Au voisinage de la plaine,
les ondulations restent dans la proportion de
simples gradins, mais peu à peu elles se relèvent ; les coteaux se forment, grandissent ;
à mesure qu'on se rapproche du département
de Tarn-et-Garonne, ils se développent en
plateaux ou se dressent en montagnes de second ordre. Cette gradation se manifeste particulièrement dans les cantons de Salvagnac,
de Castelnau-de-Montmiral, de Vaour et
de Cordes. Rien de plus varié et de plus piquant que le contraste que présente cet ensemble de plaines, de vallées, de coteaux et de
montagnes où le cultivateur est appelé à exer-
cer son industrie ; peu de départements, sous
ce rapport, sont aussi favorisés que le département du Tarn.

SOL.

Géologiquement parlant, le sol du département du Tarn se partage en trois groupes principaux : les terrains tertiaires moyens, les terrains de transition et les terrains cristallisés.

Aux terrains tertiaires moyens se rapportent les faluns, les meulières et les grès dits de Fontainebleau, qui occupent une partie considérable du département. Les cantons de Castres, Labruguière, Sorrèze, Saint-Paul, Lavaur, Graulhet, Lautrec, Albi, Monestiés, Cordes, Cahuzac, Salvagnac, Cadalen appartiennent à cette formation. Les environs de Carmaux offrent un exemple remarquable de terrain carbonifère ; les terrains de transition moyens s'étendent depuis Lacapelle et Cabanes, au-dessus de Lacaune, jusqu'à Boissezon ; ils renferment, entre autres, les communes de Brassac, Castelnau, Ferrières, Soulègre, Prades, Saint-Pierre-de-Ségade, etc.

Les terrains cristallisés occupent presque

toute la région est et nord du département. Saint-Amans repose sur le micaschiste et le gneiss ; le granite seul existe dans le canton d'Anglès, une partie de Brassac, ainsi qu'à Murat, Montredon, Roquecourbe, Vabre, Alban, Valence, Valderiès et Pampelonne.

La plaine de Gaillac se classe dans les alluvions ou dépôts postérieurs aux dernières dislocations du sol.

Les communes de Puylaurens, Belcastel, Cadoul, Enramel font partie des terrains tertiaires supérieurs (pliocènes) ; le calcaire à gryphées arquées se rencontre à Penne.

Vaour se range dans le terrain du Trias.

On trouve un exemple du terrain jurassique modifié aux Cabanes près Cordes et aussi non loin de Vaour.

Enfin, près de Réalmont apparaît le grès bigarré, mais il est circonscrit dans cette seule localité.

Étudié sous le point de vue de l'agriculture, le sol du département se laisse aisément apprécier, chaque arrondissement présentant des caractères spéciaux qui le distinguent nettement des autres circonscriptions.

L'arrondissement de Castres réunit à peu près toutes les variétés de terrains qu'on observe dans le Tarn. Dans la partie basse, le sol argilo-calcaire domine ; il compose presque exclusivement le terrain des coteaux de Lautrec, Vielmur et d'une partie du canton de Castres. Désigné, dans le pays, sous le nom de *terre-fort* ou *fromental,* ses qualités ou ses défauts s'établissent d'après la profondeur de la couche arable, l'exposition de la surface, son degré d'inclinaison et la quantité plus ou moins forte de carbonate de chaux qui s'y trouve mélangée ; le sable n'entre que pour une faible part dans sa composition. Cette espèce de terrain se délite sans peine par l'action des gelées ; elle réclame de profondes cultures, données avant l'hiver ; s'ameublit suffisamment, à l'aide de la herse et du rouleau, employés à propos, et ne craint nullement d'être ensemencée encore humide ; le grain y lève même mieux en cet état que lorsque les semailles s'accomplissent par la sécheresse : terres éminemment propres au froment, au maïs, aux fèves, au trèfle, aux vesces et aussi à la luzerne, quand le sol est bien égoutté et remué à une grande profondeur.

Les terres siliço-argileuses occupent plus spécialement la partie de l'arrondissement connue sous le nom de plaine de Revel. Inférieures aux premières pour la culture du blé, elles l'emportent sur elles pour la production de l'herbe, surtout avec le secours de l'irrigation. C'est dans la plaine de Revel que sont situées les prairies arrosées de Sorrèze, Durfont, Saint-Amancet, Dourgne, Massaguet, Verdalle, etc. Leur sous-sol consiste, presque partout, en galets roulés, empâtés dans l'argile et placés à une distance très-variable au-dessous de la surface.

Tout sol qui contient plus de sable que d'argile porte, dans le Tarn, la dénomina-

tion générique de *boulbène*; les différentes variétés de terrains siliceux appelés boulbènes
fortes ou légères se distinguent d'après la plus
ou moins forte proportion d'argile à laquelle
le sable est uni. On nomme *terres lises* celles
qui sont formées presque exclusivement de
sable.

Les boulbènes ont le grave inconvénient
de se battre par la pluie, de se sceller par la
sécheresse et d'être soulevées par les gelées;
les récoltes y sont casuelles. Ces sortes de
terrains doivent être ensemencées par un
temps sec, contrairement aux terres-forts;
elles veulent être ameublies par des cultures
fréquentes et fumées souvent. Les gelées sont
sans effet pour leur ameublissement, et le
rouleau, au printemps, devient indispensable
pour les rasseoir quand elles ont été soulevées pendant l'hiver. La plupart de leurs
défauts peuvent se corriger au moyen du marnage ou du chaulage judicieusement appliqués. Les terres lises occupent le dernier

rang parmi les sols cultivés de l'arrondissement de Castres ; on en rencontre notamment
dans la vallée de Saint-Amans, dans le canton
de Labruguière, à Saïx, etc. elles sont souvent entre-croisées avec les boulbènes fortes
et légères. Malgré leurs défauts incontestables, elles peuvent être amenées à une haute
valeur, au moyen du trèfle. Cette plante y
réussit parfaitement ; lorsqu'on l'a placée dans
de bonnes conditions, et qu'on a réglé judicieusement son retour, la nature du sol se
trouve peu à peu modifiée par son action
fertilisante.

Les terrains calcaires de la partie basse de
l'arrondissement existent en grand nombre
dans l'espace compris entre Augmontel, Labruguière, Castres et Mazamet ; on les connaît dans le pays sous le nom de *causses*.
Généralement, ils manquent de fond et con-
viendraient mieux au pacage des bêtes à
laine qu'à la culture proprement dite ; la gelée
les soulève et déchausse fréquemment les

plantes; l'action du rouleau, dans ce cas, ne leur serait pas moins profitable qu'aux boulbènes. La lupuline, le sainfoin, l'avoine et les fèves sont à peu près les seuls végétaux qui y réussissent, encore les deux dernières plantes sont-elles très-compromises dans les années de sécheresse.

La partie haute de l'arrondissement de Castres ne peut se comparer à la région basse sous le rapport de la qualité du sol. A l'exception de quelques localités privilégiées, telles que Espérausse, Berlats, Gijounet, une partie de Viane et certains points du canton de Brassac, où le calcaire entre comme élément important dans la constitution du sol, les autres communes de la montagne reposent sur un terrain schisteux ou granitique. Le seigle, l'avoine, l'herbe et les pommes de terre, telles sont les productions principales de cette contrée, où la végétation a à lutter contre un climat fort rude et très-inconstant. La couche arable varie singulièrement de profondeur. Au sommet des plateaux et dans les pentes déclives, elle ne dépasse guère 9 centimètres; dans les bas-fonds, au contraire, elle a jusqu'à 5o centimètres d'épaisseur. Cette région tout entière n'admet la culture du froment que par exception et seulement dans les parties les plus fertiles et les mieux abritées; pour les cantons d'Anglès, Brassac, Lacaune, une partie de Vabre et de Montredon, le seigle et l'avoine sont les seules céréales sur lesquelles le cultivateur puisse compter.

En général, les terres de la montagne, bien que plus légères que celles de la partie basse de l'arrondissement, souffrent moins de la chaleur que ces dernières, par suite de leur élévation et du climat plus humide qui tempère l'action du soleil; néanmoins, quand la sécheresse sévit pendant quelque temps, elle nuit aux récoltes. Dans beaucoup de localités de la montagne, le défaut d'écoulement des eaux cause de grands préjudices aux cultivateurs, mais c'est à la négligence qu'il faut les imputer, car partout il serait facile d'assainir les terres, au moyen de simples raies d'écoulement tracées dans le sens de la pente naturelle du sol.

L'arrondissement de Lavaur n'a point de montagnes. Dans les coteaux on retrouve le même sol argilo-calcaire qui forme le noyau des coteaux du pays Castrais ; quelques-uns, à leur sommet, montrent le carbonate de chaux à peine revêtu de terre végétale et complétement dégagé d'argile. La culture ne s'y exerce pas sans fatigue pour les animaux. Le froment, le maïs, le sainfoin y réussissent ; les fèves y donnent des produits supérieurs en qualité à ceux de la plaine.

C'est dans les cantons de Saint-Paul et de Lavaur que se trouvent particulièrement les sols argilo-siliceux de l'arrondissement. Réfractaires à l'action des gelées, ils ne peuvent être labourés et ensemencés que dans un temps donné ; leur ameublissement est parfois un véritable problème à résoudre. Comme ils se battent par la pluie et se prennent en croûte aux premiers rayons d'un soleil ardent, on flotte toujours entre deux écueils; aussi, le moment favorable pour y mettre les instruments doit-il être saisi avec une extrême diligence. L'ensemencement ne peut s'y pratiquer que par un temps sec, sous peine de voir manquer la plupart des récoltes; celles-ci ne résistent pas au séjour prolongé des eaux, et, dans ces terres froides, assises sur un sous-sol imperméable, leur écoulement devient d'autant plus difficile que la surface offre généralement peu de pente. Des labours profonds, disposés en planches bombées, quand la surface est tout à fait plane; des rigoles bien entretenues débouchant dans des fossés de décharge multipliés suivant les besoins, contribueraient beaucoup à l'assainissement du sol. En cas d'insuffisance, on pourrait user du procédé employé avec un remarquable succès par M. le vicomte de

Martrin, dans la commune de Saïx : il consiste à creuser un ou plusieurs boit-tout,
jusqu'à ce qu'on ait atteint une veine de sable
ou de gravier assez puissante pour absorber
les eaux stagnant à la surface.

Les boulbènes de l'arrondissement commencent aux portes de Lavaur ; elles suivent
le cours de l'Agoût et aboutissent à la pointe
de Saint-Sulpice, d'où elles se réunissent aux
terres lises et aux *graves* de la rive gauche
du Tarn. La sécheresse leur est très-nuisible.
Dans les boulbènes fortes, la culture se partage entre le froment, le trèfle et les vesces ;
les boulbènes légères ne comportent que le
seigle, la vigne, le farrouch et l'avoine ; on
ne les ensemence ordinairement que de deux
années l'une. Le marnage et le chaulage seraient les meilleurs moyens de les amender,
surtout s'ils importaient à leur suite la culture
du trèfle et de la vesce ; le froment et les
autres céréales trouveraient place, à leur tour,
dans ce sol métamorphosé.

La plaine qui prend naissance à Mezen s'étend sur la rive droite du Tarn, traverse Rabastens, l'Isle-d'Albi et vient mourir près du saut de Sabo, forme le plus riche fleuron de l'arrondissement de Gaillac; c'est une *terre bâtarde* (alluvion grasse), mêlée d'argile, de sable et de calcaire, d'une haute fertilité. Les galets roulés composent en général le sous-sol de cette terre promise; tantôt ils gisent à un mètre au-dessous de la couche arable, tantôt ils descendent jusqu'à deux mètres au-dessous de cette couche, parfaitement homogène dans toute son épaisseur. La jachère est inconnue dans cet heureux sol. Chargé tour à tour des plus riches produits en chanvre, blé, fèves et haricots, il demande, en quelque sorte, plutôt le secours de la charrue que celui des engrais; sa fécondité naturelle, stimulée par les zones marneuses qui le traversent en divers sens, parvient au plus haut degré avec la culture de la luzerne; nul sol, dans le département, ne convient mieux

à cette plante précieuse. Les coteaux qui s'é-
tagent au-dessus de la plaine de Gaillac par-
ticipent, à leurs premières rampes, du sol
d'alluvion; l'argile toutefois y domine, et
plus on s'écarte des bords du Tarn, en tirant
vers la droite, plus on les voit perdre les qualités d'une terre marneuse, douce, meuble et
profonde, pour prendre enfin, d'une manière
nette, les caractères du sol argilo-calcaire. On
entre alors de nouveau dans la région des coteaux. Ceux-ci alternent constamment avec
les vallons ouverts dans leur enceinte; ils
parcourent les cantons de Rabastens, Salvagnac, Castelnau-de-Montmiral et Vaour. En se
rapprochant des communes d'Andillac, Cestayrols, Villeneuve-sur-Vère, Souel, Noailles
et Cordes, le sol passe insensiblement par les
nuances variées qui séparent les terrains argilo-calcaires des sols calcaires-argileux. Ces
derniers peuvent être considérés comme des
filons de la riche carrière de carbonate de
chaux dont Blaye est le centre d'exploitation.

La présence du calcaire, plus ou moins mélangé avec l'argile, distingue donc les terres de la rive droite du Tarn; il n'en est pas de même de celles situées sur la rive gauche : la rivière établit entre elles une démarcation tranchée. Autant la plaine de Gaillac est riche, autant le pays qui lui fait face à l'est est pauvre et ingrat. Le sol est froid, sans profondeur, ou bien ce n'est qu'un sable mêlé de galets et ayant pour sous-sol un tuf imperméable ; il est vrai, là se trouvent des marnières, et, partant, les moyens de rétablir l'équilibre dans la composition du sol et de l'amener à de bons résultats. Les communes de Brens, Montans, Técou, Parisot, occupent cette portion de l'arrondissement regardée, jusque dans ces dernières années, comme déshéritée; mais l'emploi raisonné de la marne ne peut manquer de la réhabiliter aux yeux du cultivateur.

L'arrondissement d'Albi n'a point de sols qu'on ne rencontre dans les autres parties du

département. En laissant de côté les variétés
peu importantes, on peut les rapporter à
deux types principaux : les terrains siliceux,
plus ou moins combinés avec l'argile, mais
absolument privés de calcaire, et les terrains
qui contiennent du carbonate de chaux. A la
première catégorie se rapportent le sol des cantons de Pampelonne, Valence, Villefranche,
Alban, et partie de celui de Valdériès ; dans
la seconde, il faut ranger le sol du canton
d'Albi et un certain nombre de terres des
cantons de Monestiés et de Réalmont.

Le prix des terres, dans les quatre arrondissements, s'établit ainsi qu'il suit :

ARRONDISSEMENT DE LAVAUR.

Terres-forts de coteaux.. de 1,500 à 2,000ᶠ l'hectare.
Boulbènes............   900 à 1,000
(Dans la commune d'Ambres, l'hectare de terre de
première qualité vaut jusqu'à 3,000 francs.)

ARRONDISSEMENT DE GAILLAC.

Les bonnes terres de la plaine de Gaillac

sont estimées 2,500 francs en corps d'exploitation.

Les boulbènes et les terres lises de la rive gauche du Tarn valent de 1,000 à 1,200 fr.

Dans les coteaux, l'hectare de terre labourable, bonne qualité, se paye, en moyenne, 1,200 à 1,500 francs.

ARRONDISSEMENT D'ALBI.

L'hectare de terre consacré à la culture maraîchère, dans les communes d'Arthez et de Lescure, vaut 5,000 et 6,000 francs.

A Réalmont, les terres arables sises dans la vallée sont estimées 1,500 francs l'hectare; celles des coteaux, 500 francs seulement.

Dans les cantons montueux de l'arrondissement, l'hectare se paye, suivant les localités, 500 et 800 francs; dans la montagne, on trouve à acheter des friches au prix de 200 francs l'hectare.

ARRONDISSEMENT DE CASTRES.

Bonnes terres argilo-calcaires de la plaine

et des coteaux, 2,000, 2,400, et jusqu'à 3,000 francs l'hectare.

Dans la montagne, sol granitique, sur les hauteurs, 500 à 600 francs l'hectare; dans les fonds, 1,000 à 1,200 francs. L'hectare de prairie se paye, suivant la qualité, de 1,500 à 5,000 francs.

Dans les communes de Viane et d'Espérausse, les prairies de première qualité valent communément 8,000 à 10,000 fr. l'hectare.

CLIMAT.

Le climat du Tarn est fort différent suivant qu'on l'observe dans la partie basse ou dans les montagnes du département. Dans la partie basse, l'hiver est rarement rigoureux, et la neige n'y tombe qu'accidentellement; en revanche, les pluies sont fréquentes pendant la mauvaise saison; elles se prolongent souvent, par intermittence, jusqu'au commencement du printemps. Lorsqu'à cette époque elles sont suivies ou accompagnées d'une tem-

pérature froide, les récoltes jaunissent, et,
pour peu que cet état dure, elles se relèvent
ensuite difficilement de cette épreuve. Les
pluies de l'Ascension et de la Pentecôte, devenues proverbiales dans le pays, durent souvent pendant une dizaine de jours, et causent
une perte réelle au cultivateur en faisant cou-
ler les fleurs du seigle et du froment.

Les gelées blanches du mois d'avril sont
très-redoutées dans certaines localités ; elles
retardent les semailles de luzerne, nuisent
à la première coupe des fourrages et brûlent
la feuille du mûrier. L'été est ordinairement
chaud et sec ; il se déclare parfois dès les premières chaleurs et continue sans pluie pendant des mois entiers. Cette circonstance
rend très-précaires les cultures de récoltes
sarclées autres que celles du maïs et du topinambour ; elle exclut, pour ainsi dire, les
grains de mars des assolements et compromet très-souvent la seconde coupe du trèfle.
Il n'est pas rare de voir le thermomètre mon-

ter à 28 ou 30° Réaumur. L'automne est la
plupart du temps fort belle et très-favorable
à la préparation des terres et à leur ensemencement ; la température douce se prolonge
fort avant dans le mois de novembre ; aussi
les grains d'hiver lèvent-ils dans les meilleures conditions. En général, les saisons se
comportent régulièrement dans la partie basse
du département ; toutefois, les vents exercent
une grande influence sur l'état de l'atmosphère ; on leur attribue les variations brusques
de température qui se font sentir fréquemment dans le Tarn. Le vent du nord amène
le froid en hiver, et assure le beau temps en
été ; c'est celui qu'on préfère pendant la moisson. Le vent d'ouest charrie la pluie, le sud-
ouest apporte les orages ; le vent d'est, ou
vent blanc, ne cause pas de perturbation dans
l'atmosphère ; il rend seulement le froid
intense en hiver. Le plus dangereux de
tous est le vent d'*autan* ou sud-est. S'il adou-
cit la température en hiver et développe la

végétation au printemps, il fait oublier ces avantages par les désastres qu'il occasionne souvent en été. C'est de l'extrémité orientale de la montagne Noire qu'il se précipite sur le département avec la furie d'un ouragan. Sa direction court de l'est à l'ouest. Son souffle brûlant et impétueux dessèche la terre, flétrit toute végétation, renverse les récoltes racornit le grain, égraine les céréales et pèse, d'une manière accablante, sur l'organisme animal. C'est le seul fléau qui attriste ces belles contrées; mais, avec lui, point de récoltes assurées; un instant détruit les plus belles espérances. Tant que le grain n'est pas dans le serre-pile, le cultivateur doit trembler. Ses plus grands ravages s'exercent sur les pays situés au bas de la montagne Noire; entre Dourgne et Revel, il a souvent les caractères de la tourmente la plus violente : l'arrivée du vent d'autan est presque toujours l'indice d'un changement de temps.

Autre est le climat de la montagne : par

suite de l'élévation de la contrée, il peut être assimilé au climat du nord de la France. Les pluies, les brumes, les vents froids et impétueux y règnent une partie de l'année; l'hiver, le thermomètre y descend à 6 et 8° au-dessous de zéro, et la neige y couvre souvent la terre pendant huit, quinze et vingt jours consécutifs; de là, la différence profonde qui sépare le haut et le bas pays : on se croirait sous un autre ciel. Ainsi que dans tous les lieux élevés, l'abaissement considérable de la température pendant la nuit y rend les gelées à la fois précoces et tardives; elles se font sentir dans le mois de mai, parfois même jusqu'en juin : heureusement cet accident est peu commun. Le printemps est ordinairement pluvieux dans la montagne; les pluies commencent dès le mois de novembre, et, pendant toute la mauvaise saison, ne font qu'alterner avec la gelée, les brouillards et la neige. L'automne est la plus belle saison, ainsi que dans la partie basse du département. L'été est très-court ; aussi, dans certaines localités, telles que Lacaune et Murat, ne compte-t-on que sur trois mois de beau temps. De juillet à la fin de septembre, il faut que le seigle soit coupé, le foin fauché et engrangé ; que les grains soient battus et qu'on ait terminé les semailles ; viennent ensuite six ou huit mois de chômage forcé, c'est-à-dire de ruineuse oisiveté. Du reste, la position plus ou moins élevée des cantons établit entre eux de grandes différences de climat, et par suite entraîne des modifications sensibles dans la distribution des travaux agricoles. Tandis qu'on coupe les blés à la Saint-Jean dans le canton de Castres, à Brassac on ne met la faucille dans les seigles que vers les premiers jours de juillet ; entre Brassac et Lacaune, il y a déjà dix jours de différence pour l'époque de la moisson ; il faut compter encore dix autres jours de différence entre le canton de Lacaune et celui de Murat, situé à près de 900 mètres au-dessus du niveau de la mer. De là proviennent ces émigrations périodiques des habitants de la haute montagne vers la partie basse du Tarn et le département de l'Hérault. La partie valide de la population descend, en septembre, dans le bas Languedoc pour faire les vendanges. Les hommes vont tailler la vigne en hiver; ils reviennent chez eux pour préparer et ensemencer leurs terres au printemps, et, en attendant que leurs récoltes soient mûres, ils émigrent au bas pays pour les travaux de la moisson. Celle-ci terminée, ils regagnent la montagne; malheureusement, la majeure partie de l'argent gagné loin du clocher se dissipe, au retour, dans les cabarets.

La température, ainsi qu'on le conçoit facilement, est sujette à de grandes variations dans la montagne. La moindre pluie qui tombe refroidit considérablement l'atmosphère. Le vent du nord s'élève-t-il, l'air aussitôt devient vif et piquant; le vent d'autan tempère la froidure en hiver et fait fondre la neige; mais s'il est suivi du retour du vent du nord alors que le sol est encore imbibé par la fonte des neiges, la terre se gèle et se contracte ; au premier dégel elle reprend son volume et le seigle se trouve alors déchaussé : cet état de choses est souvent funeste aux récoltes. L'été, le vent d'autan n'a d'autre inconvénient, dans la haute montagne, que celui de dessécher la terre, quand il dure plusieurs jours de suite ; il est rare qu'il soit assez violent pour égrainer les récoltes. Dans le canton de Brassac et dans la région moyenne de la montagne, il cause, à peu près, les mêmes désastres que dans le pays bas, moins funestes toutefois. Le vent du sud-ouest amène les pluies tenaces en été ; les orages et la grêle fondent par le sud et le sud-ouest. Les brouillards, fréquents au printemps et à la fin de l'automne, sont presque permanents en hiver ; ils occupent surtout les bas-fonds et le long des cours d'eau ; ils ont pour effet nuisible à l'agriculture d'arrêter le développement du grain et de rouiller la paille. La neige qui tombe en hiver, par le vent d'autan, est très-abondante ; elle est un bienfait pour les plantes quand elle couvre le sol à une certaine hauteur et pendant un certain temps ; elle les protége contre la bise et les préserve des variations de la température, toujours dangereuses pour les terres sujettes à se soulever par les gels et les dégels.

ROUTES ET COURS D'EAU.

Le département du Tarn compte cinq routes royales, savoir :

N° 88. De Lyon à Toulouse, passant par Laval, Carmaux, Albi, Gaillac, Lisle et Rabastens.

N° 99. D'Aix à Montauban, passant par Villefranche, Albi, Gaillac, la Rouquette.

N° 112. D'Agde à Toulouse, passant par Lacabarède, près de Mazamet, Castres, Saint-Paul, Lavaur.

N° 118. D'Albi en Espagne, passant par Réalmont, Castres, Mazamet.

N° 122. De Toulouse à Clermont, passant par Gaillac, Cahuzac, Cordes.

Les routes départementales sont au nombre
de vingt-huit, savoir :

N° 1. D'Albi à Cahors.

N° 2. De Toulouse à Lodève.

N° 3. De Castres à Gaillac.

N° 4. D'Albi à Lavaur.

N° 5. De Castres à Castelnaudary.

N° 6. D'Albi à Milhau.

N° 7. De Puy-Laurens à Carcassonne.

N° 8. De Lavaur à Montauban.

N° 9. Embranchement de Pampelonne à la route n° 106
de Lyon à Toulouse par le Puy.

N° 10. De Puy-Laurens à Lavaur.

N° 11. D'Albi à Lacaune.

N° 12. De Puy-Laurens à Albi.

N° 13. De Soual à Mazamet.

N° 14. De Cordes à Bruniquel.

N° 15. De Castres à Alban.

N° 16. D'Alban à Lavaur.

N° 17. Embranchement de Salvagnac à Rabastens.

N° 18. Embranchement entre Lacaune et la route royale
n° 119.

N° 19. Embranchement entre Monestiés et la route
royale n° 106.

N° 20. Embranchement entre les routes départementales
n°ˢ 2 et 5 de Soual à Dourgne.

Les principales rivières du département sont le Tarn et l'Agoût. Le Tarn prend sa source dans les montagnes de la Lozère, arrose une partie de l'Aveyron, traverse le département du Tarn, de l'est à l'ouest, et va se jeter dans la Garonne, près de Moissac.

L'Agoût a sa source dans le département de l'Hérault; il passe à Brassac, Roquecourbe, Castres, Vielmur, Saint-Paul, Lavaur et se jette dans le Tarn, à la pointe Saint-Sulpice.

Les cours d'eau les plus importants, après ces deux rivières, sont : le Dadou, le Thoré, le Sor, qui se jettent dans l'Agoût; la Vère et le Cérou, tous deux se jettent dans l'Aveyron;

et le Girou, qui prend sa source près de
Puy-Laurens, et sort du département, non
loin de Scopont.

Les autres ruisseaux ou torrents qui parcourent le département sont : l'Albine, l'Arn,
l'Arnette, le Montimont, le Bernasoubre, le
Sant, le Bagas, le Caussels, la Durenque,
le Gijou, le Ferret, la Lacanal, le Murat, le
Nage et la Viane. Plusieurs de ces ruisseaux
fournissent des eaux excellentes pour l'irrigation des prairies.

IMPORTANCE RELATIVE DES INDUSTRIES AGRICOLE ET MANUFACTURIÈRE.

Le département du Tarn n'est point exclusivement agricole, il doit une partie de sa
richesse aux nombreuses industries qui y ont
pris naissance et dont quelques-unes jouissent d'une grande réputation. Parmi les plus
importantes, il faut citer les manufactures de
draps croisés, auxquelles M. Guibal-Anne-
Veaute a attaché son nom ; celles de Ma-

zamet, qui ont pris, dans ces quinze dernières
années, un si grand accroissement, grâces à
l'impulsion puissante que leur a imprimée
M. Houlès; les filatures de Castres, Dourgne,
Roquecourbe et Vabre; les minoteries de
l'arrondissement de Lavaur; la fabrique d'a-
cier du saut de Sabo; les forges de Bruniquel, des Avalats, et les riches houillères de
Carmaux. Ces industries ne laissent pas d'a-
voir une influence marquée sur l'agriculture.
Par le grand nombre de bras qu'elles lui
enlèvent, elles contribuent à fausser la position du propriétaire vis-à-vis des agents secondaires de la culture; elles ont surtout
pour effet de jeter les populations rurales
hors de leur voie naturelle, en leur faisant
envisager l'existence inquiète et incertaine
de l'artisan des villes, comme supérieure à la
vie calme et régulière des champs. Toutefois,
le mal n'est pas encore assez profond pour
entraver sérieusement la marche de l'agriculture, et, si l'on met de côté la légère aug-

mentation du salaire que la rivalité de l'industrie a rendue nécessaire , on sera moins
ému des doléances des propriétaires ,' et l'on
conviendra que nulle part, dans le Tarn , les
travaux agricoles ne sont en souffrance par
la faute des manufactures, et que la tendance
générale de l'époque actuelle compromet plus
l'avenir qu'elle n'affecte le présent.

Il s'en faut d'ailleurs que l'industrie ma-
nufacturière du Tarn puisse mettre ses chances
hasardeuses en balance avec les intérêts im-
périssables du sol.

L'agriculture forme l'occupation principale
du plus grand nombre des habitants; c'est
sur elle que reposent la plupart des exis-
tences. Les besoins impérieux des manufactures pourront, il est vrai, dans quelques
circonstances, séduire les travailleurs agricoles par l'appât d'un salaire plus élevé ; mais
ce ne sera là qu'un enrôlement momentané.
Les secousses auxquelles les ateliers les mieux
organisés sont exposés, l'abaissement des sa-

laires, le chômage forcé, les privations et la misère qui en sont la conséquence, doivent nécessairement désillusionner les populations enlevées aux campagnes, et les rendre à leurs occupations originelles. Quant aux propriétaires de fonds ruraux, l'impossibilité où ils se trouvent, en général, d'embrasser une autre carrière que celle de l'agriculture ; leur aversion instinctive pour toute spéculation qui peut aventurer leur patrimoine ; l'usage des familles qui veut que la propriété rurale passe entre les mains du fils aîné ; les habitudes traditionnelles d'une vie partagée entre les loisirs du *far niente* et les occupations fort douces d'une simple surveillance ; la faculté d'habiter la ville dans tous les temps autres que ceux de la rentrée des récoltes ; l'indépendance pleine de charmes de ce genre d'existence, qui constitue une sorte d'aristocratie du sol, sont, à notre avis, autant de raisons déterminantes qui rattachent le propriétaire à l'agriculture ; elles nous semblent

un contre-poids suffisant pour empêcher l'industrie de s'étendre outre mesure dans le
Tarn, et pour assurer à la carrière agricole
la prédominance qu'elle y a toujours con-
servée.

MONTANT DES RÔLES DRESSÉS PAR LA DIRECTION DU TARN.

Dans le cours de l'année 1844, il s'est élevé :

Pour la contribution foncière, à.... 2,942,573^f 40^c

Portes et fenêtres........... 267,387 97

Personnelle et mobilière...... 526,710 29

Patentes.................. 256,731 47

Prestations............... 342,782 10

Frais de premier avertissement..... 5,977 35

Total............ 4,342,162 58

Dont 939,359^f 36^c pour l'arrondiss^t
d'Albi.

1,524,827 19 pour l'arrondiss^t
de Castres.

1,040,571 39 pour l'arrondiss^t
de Gaillac.

837,404 64 pour l'arrondiss^t
de Lavaur.

A reporter......... 4,342,162 58

Report............	4,342,162^f 58^c
A quoi il faut joindre :	
Du rôle des mines..............	13,759 90
Des rôles des poids et mesures.....	7,342 96
Des rôles des contributions universitaires.....................	16,052 73
TOTAL GÉNÉRAL....	4,379,318 17

Le nombre des cotes de la contribution foncière du département a atteint, en 1844, le chiffre de 101,483; celui des contributions personnelle et mobilière a été de 59,665.

POPULATION, CONSTITUTION PHYSIQUE ET MORALE DES HABITANTS.

Le département du Tarn, à l'époque du recensement fait en 1841, comptait 351,795 habitants répartis de la manière suivante entre les quatre arrondissements :

| CHEFS-LIEUX | POPULATION | | |
d'arrondissement.	des communes.	des arrondissem.	du département.
Albi..........	11,643	86,817	
Castres........	17,372	139,847	351,795
Gaillac........	8,013	71,957	
Lavaur........	6,906	53,174	

Albi compte, par myriamètre carré, une population de 6201 âmes; Castres, 6356; Gaillac, 5996, et Lavaur, 6646.

Les habitants du Tarn, sans être grands, sont généralement d'une taille au-dessus de la moyenne; dans la campagne, ils jouissent d'une bonne constitution; mais, dans les villes manufacturières, la classe ouvrière est chétive; son aspect, pâle et maladif, dénote une vie de souffrance, un épuisement précoce résultant, à la fois, de mœurs peu régulières et d'un travail subi avant le développement normal des forces.

Si la sobriété est une vertu naturelle aux populations laborieuses de la partie basse du département, dans la montagne, l'ivrognerie peut être considérée comme une maladie endémique. Les foires, les marchés, trop multipliés, sont la principale cause des folles dépenses auxquelles l'ouvrier se livre chaque fois qu'il a l'occasion de s'absenter de la métairie; or, cette occasion ne se fait pas attendre : il est des localités, à Alban, par exemple, où l'on compte douze foires ordinaires par an, sans parler des autres foires extraordinaires du canton. Quelle tentation irrésistible cette coupable tolérance de l'autorité n'offre-t-elle pas à de pauvres gens accoutumés à ne voir de soulagement à leurs pénibles travaux que dans l'abrutissement de l'ivresse ?

Les ouvriers de la campagne passent pour peu scrupuleux en fait de probité; plus d'un propriétaire serait en droit de leur reprocher les nombreuses soustractions dont ils se

rendent coupables à l'occasion; et ce n'est
pas là leur seul défaut : paresseux et apa-
thiques, ils sont encore, par caractère, en-
nemis jurés de tout progrès. Tel est l'empire
de la routine sur les populations ignorantes
du Tarn, que le propriétaire n'a d'autre ressource que la menace du renvoi pour introduire la moindre amélioration dans son
domaine. S'agit-il de donner un peu plus
d'extension à la culture du trèfle, les valets
aussitôt de se récrier contre cette plante; elle
infeste le blé de mauvaises herbes, dit l'un,
elle épuise la terre, ajoute l'autre. Est-il
question de herser les blés au printemps, le
propriétaire ne trouve personne qui ose prê-
ter la main à cette épreuve; on ne veut pas
devenir la risée générale du pays; c'est un
acte de folie ou de dilapidation, et mille
autres arguments de cette force. De même
pour le maïs. Veut-on placer les plantes à
une distance convenable, il faut engager une
véritable lutte. Essayez de faire entendre que

des végétaux, trop rapprochés les uns des autres, s'affament, s'étiolent et se nuisent réciproquement; du moment que vous avez la témérité d'avancer que le maïs produit d'autant plus qu'il a plus d'air et que ses racines s'étendent plus librement, vous perdez tout crédit dans l'esprit des métayers et des maîtres-valets; que si vous exigez qu'on sème moins dru, qu'on éclaircisse les plantes, on vous laissera dire; mais, à peine aurez-vous le dos tourné, vos ordres et vos recommandations seront mis de côté. Vous ne savez pas compter : deux et deux ne doivent-ils pas toujours faire quatre? Il en va ainsi de toutes les autres opérations nouvelles pour le pays. Il faut une triple persévérance pour venir à bout de cet entêtement absurde qui se retranche dans une ligue commune de toutes les mauvaises volontés et dans un système invariable d'inertie.

ÉTENDUE ET COMPOSITION DES EXPLOITATIONS RURALES.

L'étendue des exploitations rurales varie de la manière suivante dans les quatre arrondissements.

Dans le canton de Lavaur, les plus petites métairies comprennent 10 à 12 hectares, les moyennes, 20 à 30; les plus grandes se composent de 50 hectares. Celles-ci nourrissent trois paires de bœufs de travail, dont une paire souvent *volante;* deux ou trois paires de croît; deux cochons; quarante bêtes à laine et quelquefois aussi une jument mulassière. Le personnel de la métairie compte trois hommes valides et trois femmes travaillant à la terre; l'été, on s'aide d'un garçon de quinze ou seize ans.

Une métairie de cette importance possède comme mobilier :

4 charrues, à 18 francs chaque.....	72^f 00^c
3 araires, à 15 fr.................	45 00
A reporter........ .	117 00

Report............................	117ᶠ	00ᶜ
2 charrettes, à 150 fr.............	300	00
3 houes à main, à 2 fr. 50 c........	7	50
3 pelleversoirs, à 3 fr............	9	00
2 fourches, à 1 fr. 25 c...........	2	50
1 pelle en fer, à 2 fr. 50 c........	2	50
2 faux, à 3 fr...................	6	00
4 faucilles, à 1 fr. 50 c...........	6	00
3 jougs, à 5 fr..................	15	00
Total.............	465	50

Du reste, nulle avance en numéraire ; le propriétaire prête souvent la semence, fournit le bétail : des chances de la récolte dépend entièrement le sort du métayer.

Les métairies de 20 à 30 hectares n'ont communément que deux paires de bêtes de travail, leur personnel consiste en deux hommes et une femme.

Dans la commune de Lugan, les petits propriétaires, exploitant eux-mêmes, n'ont qu'une paire de bœufs ; ils louent, pour l'été, un ou deux valets, qu'ils congédient aux approches de l'automne.

Dans la commune d'Ambres, les biens-tenant cultivent également eux-mêmes; suivant l'importance de la propriété, ils s'aident d'un ou deux valets et ont, en outre, recours à plusieurs journaliers pour les travaux de main-d'œuvre.

A Rabastens, 3o hectares supposent deux paires de labourage, 1 jument mulassière, 3o à 4o bêtes à laine et 3 porcs.

Dans la commune de Rivière, les métairies de 2o à 25 hectares forment la moyenne des exploitations ; elles se cultivent avec deux paires de bœufs, ou bien avec une paire de bœufs et une jument, trente bêtes à laine et trois porcs. Chez les cultivateurs les plus avancés, on trouve une paire de mules et plusieurs bêtes à cornes mises à l'engrais par roulement. Le personnel consiste dans le chef de famille et son fils aîné, deux femmes et de jeunes enfants ; on s'aide, en outre, d'un estivandier.

Commune d'Andillac. Pour 4o hectares

on tient trois ou quatre paires de gros bétail,
dont une de croît. S'il y a des terres incultes
dans la propriété, on nourrit un troupeau
de cinquante bêtes à laine ; lorsqu'il n'existe
pas de friches, on se contente d'engraisser
annuellement un lot de vingt moutons.

Dans le vallon de Cordes, l'étendue moyenne
des propriétés est de 20 à 25 hectares. Ces
métairies nourrissent deux paires de bœufs,
dont l'une est engraissée, ou, pour parler plus
exactement, est mise en chair après les travaux
de l'été, et se vend vers la fin de novembre ;
en avril, on achète un lot de quarante à
quarante - cinq moutons, qu'on revend gras
dans le mois d'octobre. Dans les *causses*
(coteaux calcaires au-dessus de Cordes), la
moyenne des métairies est de 30 à 40 hectares : on a trois ou quatre paires de bêtes à
cornes et cinquante brebis, qu'on nourrit
toute l'année ; dans la partie connue sous le
nom de Ségalas, les métairies, plus grandes
en étendue, possèdent moins de champs cul-

tivés; la plus grande partie du sol est occupée par les friches et les bois. La dépaissance forme la ressource principale des bêtes à laine de cette contrée

Dans le canton d'Alban, la moyenne des exploitations est de 50 hectares. On a huit bêtes à cornes de travail, principalement des vaches, quatre-vingts bêtes à laine et un ou deux porcs. Une métairie de cette étendue emploie deux laboureurs, un garçon de douze ans comme vacher, un berger, une servante et des journaliers pour faire la moisson, arracher les genêts et répandre la cendrée.

La petite culture domine dans le canton d'Albi.

Dans le canton de Valderiès, une métairie de 30 hectares forme l'étendue moyenne des exploitations rurales ; elle entretient trois paires de bêtes à cornes, quarante bêtes à laine, une jument et trois porcs.

Dans le canton de Lautrec, 30 hectares représentent la moyenne des propriétés. On les exploite avec trois paires de bœufs, une paire de croît, une vingtaine de bêtes à laine et deux porcs; il y a un laboureur par chaque paire de bêtes de travail.

La moyenne des exploitations rurales dans le canton de Castres est de 30 hectares. Chaque métairie de cette étendue tient trois paires de bœufs de travail, quelquefois une paire de mules pour les transports, une paire de bêtes de croît, c'est-à-dire de jeunes taureaux destinés à devenir bœufs de travail à deux ans; soixante bêtes à laine et deux truies. Les soles se divisent ainsi qu'il suit : 10 hectares en blé, 7 hectares en maïs, 2 hectares en trèfle ou sainfoin, dont la durée doit être de deux ans; 1 hectare en pommes de terre, haricots, vesces et seigle pour couper en vert; 8 hectares en jachère.

Dans le canton de Brassac, la moyenne des métairies est de 50 hectares; en s'élevant d'avantage dans la montagne, elle est de 60 à 80 hectares. Les premières comptent sept ou huit personnes depuis le commencement de novembre jusqu'à la fin de février, et de neuf à onze pendant la belle saison. Elles nourrissent de trois à cinq paires de labour, deux paires de croît, cent à cent cinquante bêtes à laine, deux truies et trois ou quatre porcs. Dans la partie la plus élevée du canton, on a une paire de labourage de moins et une paire de bêtes de croît de plus; le nombre des bêtes à laine s'élève de cent cinquante à deux cents. La culture se répartit ainsi qu'il suit : 10 à 12 hectares en seigle, 2 hectares en avoine, 3 hectares en pommes de terre, 1/2 hectare en sarrasin, 6 à 9 hectares en prés; le reste est abandonné à la dépaissance et à la jachère.

Dans le canton d'Anglès, 50 à 60 hectares forment la moyenne des exploitations rurales; elles nourrissent trois paires de bêtes de travail, deux paires de bêtes de croît, d'un et deux ans, et cent vingt à cent trente bêtes à laine.

Dans le canton de Vabre, la proportion

moyenne des métairies est également de 60 hectares. On y trouve dix bêtes à cornes de tout âge, cent vingt bêtes à laine et deux porcs.

Enfin, dans le canton de Lacaune, l'étendue moyenne des métairies est de 50 hectares. Ces exploitations possèdent ordinairement dix vaches, dont huit de travail et deux de croît, cent cinquante bêtes à laine et six à huit cochons. Le sixième des terres est en seigle, le douzième, en avoine ; les pommes de terre occupent environ 1 hectare ; le quart du domaine est consacré aux prés arrosés, et le reste se cultive en genêts pour la dépaissance des troupeaux.

De ces faits, il résulte que 25 à 30 hectares représentent la moyenne des exploitations rurales dans la partie basse du Tarn, tandis que, dans la montagne, l'étendue la plus générale des métairies est de 50 à 60 hectares : le département doit donc être considéré comme un pays de moyenne culture. Les métairies de 3o hectares (canton de Castres) comptent treize têtes de gros bétail ou leur équivalent, soit un peu moins d'une demi-tête par hectare; dans la montagne (canton de Lacaune), les métairies de 5o hectares nourrissent 26 têtes de gros bétail ou leur équivalent, soit un peu plus d'une demi-tête par hectare : des deux côtés, insuffisance du bétail relativement aux besoins des exploitations; aussi, ne peut-on se tirer d'affaire avec ces faibles ressources, qu'en appelant à son secours la jachère et les friches.

CLÔTURES.

Il existe deux espèces principales de clôtures dans le département, les fossés et les haies. Les fossés se rencontrent plus spécialement dans la partie basse du département. On pourrait leur reprocher, en général, de n'être pas entretenus avec assez de soin, là surtout où il serait si important d'écouler les eaux hors des champs qui ont peu de pente

4.

et dont le sous-sol n'est pas perméable. Le canton de Lavaur, par exemple, ne verrait pas si souvent ses récoltes compromises à la fin de l'hiver, si le curage des fossés était moins négligé et si l'on ménageait une issue aux eaux qui s'y rendent; plusieurs localités de l'arrondissement de Castres et la plupart des plateaux dans la montagne laissent beaucoup à désirer sous ce rapport.

Les haies forment les clôtures les plus habituelles dans la montagne; mais il s'en faut qu'on leur donne l'importance qu'elles devraient naturellement avoir dans des situations élevées, battues par les vents violents du nord et du couchant, où la production de l'herbe forme la première richesse du sol et où il s'agit, avant toutes choses, de soustraire les récoltes à la dent du bétail. Dans quelques communes des cantons de Lacaune et de Brassac, les champs sont entourés d'arbres qu'on laisse venir à une certaine hauteur. Les arbres et arbrisseaux qui conviennent le mieux pour former des haies sont : l'aubépine, l'ajonc épineux, le coudrier, le frêne, l'orme, le charme, et, dans les sols humides, le marsaule et l'aune ; le houx, commun dans la montagne, où il sert plutôt d'abri aux habitations et aux jardins, que de clôture pour les champs, serait peut-être l'arbuste le plus propre à cette destination par son feuillage épais, toujours vert et ses rameaux serrés ; mais son développement trop lent doit lui faire préférer les arbrisseaux d'une croissance plus rapide, tels, par exemple, que l'aubépine.

CONSTRUCTIONS RURALES.

Les constructions rurales, dans le Tarn, ne sont pas soumises à un plan uniforme, ainsi que cela se voit en plusieurs départements ; chaque propriétaire suit, à cet égard, les dispositions qui lui semblent les plus commodes. Cependant, dans la partie basse du département, on trouve assez fréquemment les bâtiments des métairies, tantôt présentant la forme d'un quadrilatère irrégulier, tantôt rangés sur une seule ligne ; un petit nombre sont enfermés de murs de tous les côtés. Les constructions, en général, n'ont pas le développement qu'exigeraient les besoins de l'exploitation ; presque toutes accusent, en outre, une grande indifférence de la part du propriétaire pour l'habitation du métayer. A voir les misérables réduits où résident un grand nombre de colons, on dirait que leur bien-être ne mérite aucune attention, et qu'ils n'ont rien à désirer quand on les a mis à l'abri du vent et de la pluie. Rien de plus mesquin, à l'intérieur, que les masures décorées du nom de métairies. Le logement du métayer se compose ordinairement d'une seule pièce au rez-de-chaussée; une alcove reçoit le lit du ménage ; une table, un buffet, une armoire, quelques ustensiles appendus à la muraille, un banc, deux ou trois chaises : tels sont les objets qui garnissent l'unique pièce qui sert à la fois de chambre à coucher, de cuisine et de salle à manger. Au-dessus, se trouve le grenier, divisé quelquefois en deux compartiments. Les étables sont, le plus souvent, contiguës à la maison d'habitation. Le four, dans beaucoup de métairies, tient au *serre-pile*, espèce de magasin provisoire destiné à mettre en sûreté la récolte des céréales jusqu'à ce qu'elle soit vannée et en état d'être serrée au grenier. Toutes les maisons sont couvertes en tuiles cannelées ou pannes. Dans la montagne, les bâtiments des grandes métairies sont rangés symétriquement autour d'une cour carrée ; les constructions se distinguent par leur épaisseur et leur extrême solidité, motivées par le froid rigoureux et la violence des vents qui règnent, l'hiver, dans ces âpres contrées ; plus on s'élève, plus les bâtiments ruraux sont fortement établis. Dans le canton de Lacaune, les contre-forts en pierre qui les soutiennent leur donnent presque l'aspect de monuments. Les toitures en chaume peuvent être regardées comme des exceptions ;

on en rencontre cependant dans la haute montagne. Chaque métairie, dans le département, possède quelques ares de jardin potager près de la maison d'habitation. L'aire à battre les grains est ordinairement voisine des bâtiments; les hangars, tantôt sont renfermés dans l'enceinte de l'exploitation, tantôt sont situés en dehors, mais toujours à portée de la métairie.

BIENS COMMUNAUX, PARCOURS, GLANAGE, GRAPILLAGE.

La question des biens communaux n'est que d'un intérêt secondaire pour le département du Tarn. Dans quelques localités, la jouissance est commune entre les habitants du territoire où ces biens sont situés; sur d'autres points, les communaux sont affermés; dans certaines parties de la montagne, notamment dans le canton d'Anglès, chacun s'est attribué une portion des communaux. La petite propriété les défriche et les ensemence; une fois la récolte enlevée, ils sont livrés à la vaine pâture ; les métayers y envoient leurs bestiaux. Dans quelques endroits, ils forment un revenu pour les communes ; quiconque veut y envoyer ses animaux paye une redevance de 15 à 20 centimes par tête de bétail.

Le parcours et la vaine pâture sont inusités dans le Tarn ; chaque propriétaire fait paître ses troupeaux sur son propre terrain ou dans les communaux.

Le glanage s'exerce dans tous les cantons, mais à titre de tolérance ; le propriétaire est libre d'admettre et de renvoyer les glaneurs quand bon lui semble. Nulle part cet usage n'entraîne d'abus, si ce n'est dans le canton de Castres et seulement à l'époque de la récolte du maïs. Malheur alors au propriétaire dont les champs avoisinent la ville de Castres! Les gens des faubourgs n'attendent que le moment de la récolte pour faire irruption dans les champs de maïs. Ils se mêlent aux travailleurs, les suivent à la piste, les harcèlent et luttent avec eux de vitesse pour faire main basse sur les épis : c'est un pillage scandaleux; car, tel qui ne possède pas un centiare de terre, rapporte souvent, aidé de sa femme et de ses enfants, organisés en maraudeurs, la valeur d'un hectolitre de maïs. Ces habitudes indignes d'un pays civilisé appellent depuis longtemps une répression efficace; espérons que l'autorité, avertie, en affranchira bientôt la propriété.

Le grapillage ne donne lieu à aucune plainte.

MODES DE JOUISSANCE DU SOL.

Il existe quatre manières de conduire les exploitations rurales dans le département du Tarn : par métayers, par maîtres-valets, par fermiers et par les petits propriétaires eux-mêmes nommés *pagès* ou *biens-tenant*.

Le métayer, appelé aussi *bordier,* est le colon partiaire auquel le propriétaire donne sa métairie à cultiver, sous la condition de partager les fruits et les profits que le sol et le bétail pourront produire.

En général, les métayers ne sont engagés que pour un an, mais le bail se continue fréquemment par tacite reconduction. Les outils et instruments aratoires appartiennent au bordier; leur entretien est ordinairement à sa charge. Il fournit, la plupart du temps, la moitié des semences, paye tout ou partie des contributions, et, de plus, est assujetti à certaines redevances en œufs et volailles. Le propriétaire, de son côté, fournit, en totalité ou en partie, les charrettes; il donne *tout le pied des cabaux* (le bétail); estimation en est faite lors de l'entrée en jouissance; à l'expiration du bail, le bordier doit faire compte du capital représenté par les *cabaux,* mais non des têtes qu'il a reçues.

En dehors de ces règles générales, qui fixent les rapports entre les propriétaires et les métayers; il est des conventions consacrées par l'usage dans chaque localité.

Dans l'arrondissement de Lavaur, les bordiers entrent à la Saint-Martin et doivent don-

ner congé avant le 25 mars ; en quittant la
métairie, ils sont obligés de laisser la moitié
de tous les fourrages (trèfle, luzerne, esparcet) au métayer entrant. On exige souvent
qu'ils transportent le vin et qu'ils fassent divers charrois pour le compte du propriétaire.
La redevance consiste en poules, poulets et
chapons, réglée ainsi qu'il suit : pour deux
paires de labourage, sept ou huit paires de
poulets à la Saint-Jean ; autant de jeunes
poules, deux cents œufs à l'époque des vendanges, et sept ou huit paires de chapons
demi-gras en novembre. Dans quelques cantons, le propriétaire exige encore une redevance de vieilles poules à Pâques. Les métayers supportent la moitié des frais de
nourriture des oies, canards et dindons ; ils
en partagent, par moitié, le profit avec le propriétaire. On prélève, sur la *pile* commune du
blé, avant partage, la quantité de grain de semence avancée par le propriétaire ; quelquefois encore, lorsque celui-ci supporte une par-

tie des frais d'entretien des outils aratoires,
on met de côté quelques mesures de blé destinées à acquitter cette dépense. Moyennant
ce salaire en nature, le forgeron du village
se charge d'aiguiser et d'entretenir le soc des
charrues, les hoyaux et les bêches.

Dans certains cantons de l'arrondissement,
le bordier quitte la métairie le 1er novembre
et doit donner congé le 1er mai. Dans toutes
les localités, le métayer tire sa provision de
bois de l'émondage et de l'étêtement des arbres forestiers plantés sur le domaine; mais,
nulle part, on ne lui permet de couper le bois
sur pied ou d'en vendre pour son propre
compte.

Les mêmes conditions du métayage se représentent dans l'arrondissement de Gaillac,
sauf quelques légères modifications.

Dans les parties riches des cantons de Salvagnac et de Rabastens, le bordier est chargé
de toutes les semences; on dit alors que la métairie est *à semences perdues.* On prélève, par-

fois, sur la pile commune, un certain nombre d'hectolitres de blé pour aider le propriétaire à solder l'impôt qui est à sa charge, mais dont il ne fait, en réalité, que les avances. Dans les bonnes métairies, le bordier fournit la moitié des cabaux ; par chaque paire de labourage, il donne, à titre de redevance, quatre paires de poulets à la Saint-Jean, autant de chapons à la Toussaint, et quatre paires de poules aux Rois.

Dans le canton de Lisle, tantôt le bordier fournit toutes les semences, comme, par exemple, dans la commune de Lisle ; tantôt, ainsi qu'à Parisot, Payrole, les semences de toute nature se prennent sur la pile.

Dans le canton de Gaillac, l'époque d'entrée en jouissance n'est pas la même dans toutes les métairies. Pour les unes, le bail finit à la Saint-Michel ; pour les autres, à la Saint-André.

A Cordes, le propriétaire fournit les bestiaux ; il donne le bois nécessaire à la construction de la charrue et paye l'ouvrier; mais la nourriture de cet ouvrier est à la charge du métayer. Dans les bons fonds, le propriétaire prélève, à titre de redevance, 2 hectolitres de blé par paire de bœufs.

L'arrondissement de Castres offre aussi ses dérogations aux règles générales.

A Roquecourbe, Burlats, Lacrouzette, les congés doivent être signifiés en juin, avant la tonte du troupeau; passé ce temps, il y a tacite reconduction.

A Montredon, la prise de possession a lieu au 1ᵉʳ novembre; le congé doit être donné avant le 1ᵉʳ avril.

Dans le canton de Castres, le métayer paye toutes les impositions, et, de plus, une redevance supérieure à l'impôt foncier; si, par exemple, celui-ci s'élève à 200 francs, la redevance montera à 3 ou 400 francs. Le bordier fournit la semence, supporte le huitième donné aux gens chargés des travaux de la récolte, apporte tous les instruments nécessaires à l'exploitation, paye la moitié des bestiaux, d'après l'estimation qui en est faite, et, de plus, remet au propriétaire un certain nombre d'œufs et de volailles : cette redevance, pour une métairie de 20 hectares, s'élève à trente poules, trente poulets, trente chapons et six cents œufs.

Dans le canton de Brassac, les métayers ne fournissent rien ; l'entretien des instruments et outils aratoires a lieu de compte à demi ; les impositions sont à la charge du propriétaire, mais le métayer paye *l'aide de taille*, qui équivaut à la somme nécessaire pour acquitter les impositions.

Dans le canton d'Anglès, le propriétaire fournit le bois pour le charronnage des instruments aratoires, le métayer paye l'ouvrier et demeure chargé de l'entretien. Suivant l'importance de l'exploitation, le bordier supporte le tiers ou la moitié des impôts.

Dans le canton de Lacaune, le bordier trouve, en entrant dans la métairie, une *souche* d'instruments aratoires, dont les frais d'entretien sont supportés par égale part. S'il acquitte la moitié des impositions, on l'autorise à tenir, pour son compte exclusif, une bête sur dix dans le troupeau de bêtes à laine. Le propriétaire seul fournit la souche du bétail ; les profits et les pertes sont de compte à demi.

Dans l'arrondissement d'Albi, mêmes usages particuliers.

Dans le canton d'Albi, les métayers ne fournissent pas la semence ; ils payent la moitié des impositions, sont soumis à une redevance de chapons, poulets et œufs, calculée d'après l'étendue de la métairie. Le bordier apporte les instruments aratoires ; le propriétaire contribue, pour moitié, dans l'achat des charrettes. Leur valeur est déterminée lors de l'entrée en jouissance ; à la fin du bail, elles sont estimées de nouveau, et le bordier supporte la moitié de la dépréciation.

Dans le canton d'Alban, tous les impôts

sont à la charge du bordier ; le propriétaire
fait les avances des grains de semence et les
reprend après la récolte ; il fournit les bestiaux
et les instruments aratoires : ces derniers sont
entretenus à frais communs.

Il est rare que les conventions entre le propriétaire et le métayer soient consignées dans
un écrit authentique ou signé des deux parties ; le plus souvent, on les inscrit sur un
livret appartenant au bordier. Elles se bornent
aux formules banales de cultiver en bon père
de famille, de consacrer tout son temps à
l'exploitation, d'entretenir les fossés en bon
état ; viennent ensuite les stipulations particulières à chaque localité ; puis, le livret énu-
mère, par chaque espèce, les animaux donnés
à cheptel et indique leur estimation ; le propriétaire transcrit au bas de cette sorte de
police les quittances de redevances et les
divers comptes relatifs aux achats et ventes
de bestiaux.

Toutes les récoltes des métayers se partagent en deux parties égales, dont l'une pour le propriétaire et l'autre pour le bordier. Les pailles et les fourrages sont consommés dans l'exploitation et ne donnent pas lieu à division, à moins d'une convention spéciale. Le partage de la récolte ne doit se faire qu'en présence du propriétaire ou de son représentant ; le choix lui est réservé. Les légumes verts pendants par racines, tels que fèves et pois, appartiennent en partie au métayer : il peut en prendre pour sa consommation journalière et celle de sa famille, mais il n'a pas le droit d'en vendre, sans y être autorisé.

Lorsque, dans une métairie, il y a des bestiaux à vendre ou à acheter, le bordier, avant d'agir, s'entend avec le propriétaire et se transporte au marché où il croit opérer le plus avantageusement[1]. Si le propriétaire est présent, la vente ou l'achat ne se fait pas sans son consentement ; en cas d'absence, si le bordier n'a pas réservé la ratification du pro-

[1] *Usages locaux,* par M. A. Clausade.

priétaire, le marché est parfait par le seul consentement du contractant.

Les bestiaux ne doivent être employés qu'aux travaux utiles de la métairie. Dans certaines exploitations peu importantes où les vaches ne sont pas occupées toute l'année, le bordier fait des attelées, appelées, dans le pays, *escambis*, dont le produit se partage avec le propriétaire de la métairie.

Ce que le bordier récolte dans le coin de terre qui lui est concédé, à titre de jardin, lui appartient en totalité.

Les vignes sont habituellement réservées par le propriétaire ; lorsque le bordier est chargé de les planter, il en a ordinairement la jouissance entière pendant un certain nombre d'années, ou bien il reçoit une indemnité, qui se règle de gré à gré.

Au premier aperçu, le métayage semble le contrat le plus favorable qui puisse concilier les droits du propriétaire et les prétentions du colon. On dirait une société dans laquelle

l'un apporte le capital de fonds et l'autre son
intelligence, sa main-d'œuvre et son activité,
tous deux ayant un égal intérêt au succès
de l'entreprise ; mais il s'en faut que cet aspect séduisant soutienne l'épreuve de l'examen. Arthur Young s'en explique énergique-
ment, dans son Voyage en France. « Ces
métayers, dit-il, ne fournissent autre chose
que leur travail et leurs instruments d'agriculture ; mais, comme ils sont très-misérables,
souvent ils n'ont pas la moitié des instruments
qui leur sont nécessaires. Le propriétaire est
plus en état de fournir les bestiaux ; mais, en-
gagé dans des scènes de plaisir et d'ambition,
éloigné probablement de sa ferme, ou peut-
être étant pauvre, comme le sont les gentils-
hommes de campagne, il ne dépense sur sa
ferme que ce que la nécessité la plus urgente
l'oblige d'y dépenser, et le résultat d'un tel
ordre de choses doit être inévitablement de
minces récoltes. Avec un pareil système, il
est impossible qu'un seul tenancier de terres

labourables devienne riche, et il n'est guère
surprenant que la terre rapporte si peu.
Ces métayers, ne fournissant que le travail
de leurs mains, sont évidemment bien plus
esclaves du propriétaire, que ne le seraient
des fermiers plus riches, qui, possédant un
capital suffisant pour leur entreprise, ne se
contenteraient pas d'un profit au-dessous de
l'intérêt de leur argent. Tout ce qu'on pourrait alléguer en faveur de ce système, c'est
que la nécessité n'a pas de loi ; que la pauvreté
des métayers est telle, que le propriétaire se
trouve absolument forcé de fournir tout le
fonds de la ferme, parce qu'autrement ses
terres resteraient incultes. C'est une cruelle
situation pour un propriétaire que d'être ainsi
forcé de courir la plupart des dangers d'une
exploitation aussi peu avantageuse pour lui,
et de confier sa propriété à des gens généralement ignorants, souvent négligents et quelquefois méchants. Dans ce système de loca-
tion, qui est le plus pitoyable de tous, le

propriétaire, dupé, ne reçoit qu'une chétive rente ; le métayer reste dans le dernier degré de la pauvreté ; les terres se trouvent mal cultivées et la nation souffre autant que les parties intéressées. »

Cette peinture est-elle exagérée ? Taxera-t-on l'illustre agronome anglais de partialité ? Comparons l'ancien état des choses avec ce qui se passe aujourd'hui, et nous serons forcés de ratifier sa sentence. Que sont les métayers du Tarn, si ce n'est la classe la plus ignorante, la plus tenace dans ses préjugés, la plus hostile à toute espèce d'innovation ? Eût-elle, d'ailleurs, toutes les qualités qui font le bon agriculteur, elle se trouverait frappée d'impuissance en face des dépenses qu'une culture progressive rend nécessaires et auxquelles la pénurie du colon ne peut satisfaire. Quelques outils, quelques mauvais instruments de labour composent son patrimoine ordinaire. Si le métayer n'a point hérité de ce chétif mobilier, rarement pourrat-il se le procurer; son dénûment est tel, qu'arrivant sans ressources dans la métairie, la mort d'un bœuf, la perte de quelques bêtes à laine, le forcent de s'endetter pour rembourser le propriétaire. Ce malheur se complique-t-il d'une mauvaise récolte, c'en est fait de son avenir. Le propriétaire, effrayé d'un début malheureux, n'est que trop porté à l'imputer à l'incapacité du métayer; gêné lui-même dans sa fortune pécuniaire, il craint de voir diminuer ses revenus, il ne veut pas faire de nouvelles avances à un débiteur insolvable; il cède à la peur et aux conseils de la prudence; il s'arme de son bail et renvoie, à la fin de l'année, le pauvre bordier, obligé désormais de descendre au rang de simple manouvrier. L'absence de tout capital autre que celui du travail du métayer et de sa famille constitue donc le vice radical de ce système. Dominé qu'il est par la nécessité et les chances fâcheuses dont la culture la plus habile n'est pas exempte, le métayage n'assure pas le sort

du colon, encore moins répond-il aux vues
du proprétaire. Celui-ci, il est vrai, une fois
le cheptel fourni et les terres ensemencées,
en partie à ses frais, n'a plus à s'inquiéter
des dépenses de culture. Si tout réussit, il
percevra, pour la rente de son capital, la
moitié des produits obtenus par le travail du
métayer; mais il faut qu'il renonce à toute
idée d'améliorations financières. Qui les exé-
cuterait? Le bordier? Mais il n'ignore pas que
son bail expire avec l'année, qu'on peut le
congédier, et qu'en définitive ses sueurs tour-
neraient à l'avantage exclusif de son successeur ou du propriétaire. L'extension des prairies artificielles ne le touche que médiocrement. S'il quitte la métairie à la fin du bail,
c'est encore le successeur qui jouira du défriché des luzernes, trèfles et sainfoins; ces
fourrages, d'ailleurs, ne profiteraient complétement au sol qu'autant qu'il y aurait un bétail
assez nombreux pour les consommer; de nouvelles avances de fonds seraient la conséquence

de cette culture perfectionnée, or le métayer ne peut faire au domaine aucune avance; le propriétaire, de son côté, répugne à mettre dehors un nouveau capital, qui accroîtrait encore ses chances de pertes : dans cette position difficile, chacun reste sur la défensive, c'est-à-dire dans l'inaction, et le domaine, soumis à l'ancienne routine, se trouve condamné à un éternel *statu quo*.

Ces inconvénients du métayage sont profondément sentis dans le département; il n'est pas un seul cultivateur éclairé qui n'en gémisse. Ce système vieilli croulerait de tous côtés, si la plupart des propriétaires qui le suivent disposaient d'un capital plus considérable; s'il leur répugnait moins de faire au sol d'autres avances que celles strictement indispensables, et s'ils renonçaient à leurs préventions contre les méthodes perfectionnées. L'adoption de ces méthodes exigerait, il est vrai, de leur part, une surveillance incessante, des études sérieuses et le sacrifice des habitudes de la ville; mais que ne gagneraient-ils pas à cette nouvelle existence ? Partout où la culture est en voie de progrès, le métayage est abandonné, on lui substitue généralement l'exploitation par maîtres-valets.

Le maître-valet est un domestique agricole se louant à l'année. Dans ce système, tout le fardeau de la direction roule sur le propriétaire; le maître-valet prend ses ordres et les exécute en s'aidant de sa famille ; il n'a aucune part aux produits du sol, ceux-ci reviennent en entier au maître du domaine, qui supporte seul les pertes et solde tous les frais de culture.

Le salaire de maîtres-valets diffère suivant les localités.

Dans l'arrondissement de Lavaur, chaque homme faisant partie de la famille du maître-valet reçoit :

5 hectolitres de blé, à 20 francs l'hectol..	100ᶠ
5 hectol. de maïs, à 10 fr.	50
A reporter	150

Report..................	150ᶠ
1 hectol. de vin....................	10
Bois de chauffage.................	20
En argent........................	25
Total..................	205

Le propriétaire lui donne, en outre, à moitié fruit, 1 hectare de maïs, dont il doit exécuter tous les travaux de main-d'œuvre ; les labours s'effectuent avec les bœufs de l'exploitation ; il lui accorde encore un demi-hectare pour cultiver des légumes, un peu de lin et de chanvre. Le maître-valet fournit alors toute la semence et donne la moitié des produits au propriétaire ; celui-ci fait don du fumier nécessaire pour ces récoltes ; enfin, le propriétaire achète deux porcs que le maître-valet est chargé d'engraisser, et dont les profits se partagent à moitié.

Le maître-valet et sa famille se nourrissent à leurs frais. Les hommes seuls doivent leur temps au propriétaire ; les femmes et les enfants sont payés comme journaliers quand on les emploie.

Dans le canton de Salvagnac (arrondissement de Gaillac) chaque valet reçoit 8 hectolitres de blé, 4 de maïs, 2 kilogrammes d'huile de noix, un peu de sel, 2 hectolitres de vin et sa provision de piquette. On lui donne encore quelque argent à différentes époques de l'année, savoir : 20 francs en janvier pour acheter de la salaison, 20 francs en mai, 40 francs en septembre. Ces gages représentent une somme d'environ 350 francs. On lui permet, en outre, de cultiver à moitié fruit, dans les endroits désignés, quelques ares de terrain en chanvre, lin et fèves, et on lui achète un cochon et des oies, dont il partagera le profit avec le propriétaire. La femme du maître-valet doit ses journées à la métairie.

A Cordes, les valets ont 8 hectolitres de blé, 120 francs en argent, 1 barrique de vin, 1/2 hectare que la femme doit travailler et dont les produits sont partagés entre elle et le propriétaire; l'homme seul doit son temps.

Chez M. Delrieu, à Trévien (arrondissement d'Albi), les maîtres-valets ont 150 francs par an; les valets de labour, 120 francs; tous sont nourris au compte du propriétaire.

Dans le canton de Lautrec, chaque valet reçoit 50 francs, 3 hectolitres de blé, 3 de maïs; les femmes ont la même quantité de grains, mais on ne leur donne pas d'argent; elles ont la moitié du profit des cochons. Le propriétaire fournit le bois nécessaire aux besoins de la famille, quelques kilogrammes d'huile et de sel, et 1 hectolitre de vin. Il abandonne, en outre, 25 ares à cultiver en lin et en chanvre; la récolte s'en partage à moitié. Le demi-hectare de maïs, dont le propriétaire cède la jouissance, sert à l'engraissement des cochons.

A Castres, chaque valet a droit à 6 hectolitres 96 litres de blé et de maïs, et à 50 francs.

Le propriétaire fournit une certaine quantité de bois, et 12 francs pour le sel et l'huile. Les femmes reçoivent, par tête, 5 hectolitres 8o litres de blé et de maïs ; elles prennent la moitié du profit des cochons qu'elles doivent engraisser avec le maïs récolté sur 5o ares de terrain qu'on leur abandonne à cet effet. Chaque métairie cultive environ 24 ares de menus grains (haricots et lentilles), qui se partagent à moitié entre le propriétaire et les valets ; 10 ou 12 ares de chanvre ou de lin. Les produits de cette récolte sont de compte à demi, ainsi que les frais de semence. Un hectolitre de vin est alloué à chaque homme.

M. le vicomte de Martrin estime ainsi qu'il suit les gages donnés à une famille de maîtres-valets, de la plaine de Saïs : dans une métairie de 20 hectares.

12 hectolitres de blé, à 20 francs.	240^f
12 hectol. de maïs, à 10 fr.	120
3 hectol. de vin, à 10 fr.	30
A reporter.	390

Report	390^f
Profit de deux brebis	20
Gages en argent	130
Huile, sel, etc	20
Pommes de terre et autres légumes récoltés sur un demi-hectare	50
Total	610

La famille se compose de quatre personnes : deux hommes pour le travail des terres, une ménagère et une fille pour garder le troupeau. Le temps des hommes et de la fille appartient entièrement au propriétaire ; le profit des cochons, des oies et des canards (*gausailles*) se partage à moitié. Les valets sont nourris à leurs frais.

Dans le système de culture par maîtres-valets, les droits du propriétaire et les obligations du maître-valet sont nettement tracés. Le premier reste le maître absolu de son exploitation, l'autre n'est qu'un instrument plus ou moins docile entre ses mains ; au premier échoit toute la responsabilité de la direction et de la surveillance ; le second ne devient complice des fautes commises, qu'autant que par sa négligence, son incapacité, son mauvais-vouloir ou son improbité, il a trompé l'attente de son maître. Des attributions aussi distinctes laissent nécessairement une large part à l'action intelligente du propriétaire ; elles lui permettent d'asseoir, à son gré, les bases de l'exploitation, d'en régler la marche et d'adopter tous les procédés qui peuvent amener le sol à un haut degré de fécondité. D'où vient donc que, dans le Tarn, le système des maîtres-valets ne réalise qu'imparfaitement les espérances qu'il avait fait concevoir ? Ici, les reproches s'adressent moins aux bras qui exécutent, qu'à la tête qui commande ; ils peuvent se résumer en un grief principal, l'insuffisance des capitaux. De ce vice radical découlent toutes les souffrances de l'agriculture du Tarn. Pourquoi les étables renferment-elles si peu de bétail et surtout de bétail de rente ? Pourquoi la culture des prairies arti-

ficielles est-elle si restreinte dans chaque métairie? C'est que les ressources pécuniaires
manquent, et qu'on ne veut ni recourir à
l'emprunt, ni s'imposer, même momentané-
ment, une gêne salutaire. Pourquoi cette
économie mal entendue du personnel dans la
la plupart des métairies? Pourquoi si peu
d'améliorations foncières; si ce n'est parce
que le fonds de roulement suffit à peine aux
travaux les plus urgents? Pourquoi, enfin,
cette importance exagérée donnée à la culture des céréales? N'est-ce pas parce que
les grains produisent l'argent immédiatement réalisable? Ce que le propriétaire comprend le moins, ce sont les avances au sol;
on dirait qu'il s'en méfie comme d'un mauvais payeur; de là, la parcimonie avec laquelle il traite tous les détails de son exploitation. D'autres causes tendent encore à faire
avorter les avantages du système de culture
par maîtres-valets, nous voulons parler du
défaut d'instruction agricole chez un grand

nombre de propriétaires et du sort des agents
secondaires à leur service. S'il est, dans chaque
arrondissement, des hommes éclairés, familiarisés avec les difficultés de l'art, combien
ignorent jusqu'aux plus simples notions d'é-
conomie rurale? Ceux-ci, en vérité, n'ont rien
à gagner à l'adoption d'un système qui n'a
de valeur qu'autant que le chef possède à
fond tous les détails de la culture; mieux leur
vaudrait confier leur exploitation à des métayers, plutôt que d'entreprendre une tâche
aussi périlleuse que celle d'une direction
improvisée. Le sort des agents secondaires
employés dans la culture à maîtres-valets,
exerce aussi, à notre avis, une très-grande
influence sur ce système. Quel dévouement
attendre de gens qui, malgré tous leurs efforts,
ne sortiront jamais de la position dépendante
où ils se trouvent engagés? Que le maître-
valet seconde de tout son zèle l'intelligente
direction du maître; que le domaine s'améliore grâces à ses sueurs et à sa probité;

que les récoltes soient, chaque année, plus abondantes ; spectateur désintéressé de ces progrès, il n'en retirera aucun fruit ; le *sic vos non vobis* lui est appliqué dans toute sa rigueur. Il recevra fidèlement ses gages annuels, mais rien de plus. Le maître-valet est un domestique dont on use, mais qu'on ne songe pas à attacher à l'exploitation comme partie intégrante de la famille. S'il n'a que sa femme et un ou deux enfants en état de travailler, il subsistera avec son salaire, mais sans qu'il lui soit possible de faire des économies. Le nombre des siens vient-il à augmenter, tout change ; les charges sont alors au-dessus des modiques ressources ; ce qui suffisait aux besoins de trois personnes doit encore pourvoir à l'existence des derniers venus ; la gêne et, peu à peu, la misère s'introduisent sous le toit du maître-valet ; il est obligé d'emprunter pour élever sa famille, les dettes s'accumulent, vient un moment où il lui est impossible de se libérer ; la détresse

la plus affreuse est la seule perspective qui
l'attende. Associer le maître-valet au succès
de l'entreprise, en lui donnant, dans les bénéfices de l'exploitation, une part calculée
d'après l'augmentation du revenu annuel de
la propriété, tel serait, suivant nous, le moyen
de se créer des serviteurs dévoués et de puis-
sants auxiliaires dans les améliorations qu'on
voudrait entreprendre : jusqu'ici, aucun propriétaire du Tarn n'est entré franchement
dans cette voie d'innovation.

Le fermage doit être considéré comme
un mode exceptionnel d'exploitation dans
le Tarn. On en citerait à peine de rares
exemples dans les arrondissements de Lavaur, de Gaillac et d'Albi; ce n'est guère
que dans la partie montagneuse du département, et particulièrement dans l'arrondissement de Castres, dans les cantons de Vabre,
Brassac, Anglès et Lacaune, qu'un petit nombre de biens ruraux sont affermés. Le plus
souvent, ces domaines appartiennent à des

propriétaires résidant loin de l'exploitation.

En général, l'opinion n'est pas favorable au fermage dans le département, et il faut convenir que les conditions sous lesquelles il y existe sont plutôt propres à le faire rejeter qu'à lui créer des partisans. Les baux les plus longs ne dépassent pas neuf ans; dans plusieurs localités, ils ne sont que de six et trois ans; le preneur manque le plus souvent de ressources pécuniaires; il n'a pas même le bétail nécessaire pour garnir les étables; le propriétaire le lui donne à titre de cheptel. Sous ce rapport, le fermier peut être assimilé au métayer; la seule différence qui existe entre eux, c'est que celui-ci paye la rente du sol en nature, tandis que l'autre l'acquitte en espèces et reste plus longtemps sur l'exploitation.

Le modèle ci-joint donne une idée de la teneur suivant laquelle les baux à ferme sont rédigés dans le Tarn.

BAIL À FERME.

Par-devant M°......, notaire à la résidence de......, soussigné et témoins, fut présent :

M........, demeurant à........, lequel a donné, à titre de ferme, au sieur......, cultivateur, demeurant à......., dans la commune de........., ici présent et acceptant,

Son domaine dit la Métairie Haute de......, tel qu'il est actuellement joui et possédé par ledit......, en vertu du bail du..., 184., passé devant M°..., notaire à....

Ce bail est fait aux clauses, conditions et réserves suivantes :

Art. 1er. Le sieur....... cultivera personnellement le domaine affermé ; il ne pourra le sous-louer ni le faire gérer et cultiver par tiers.

Art. 2. La durée du bail sera de neuf ans. S'il arrivait qu'après l'expiration du bail, le preneur continuât à exploiter le domaine affermé, sans qu'il ait été fait de conventions nouvelles, la tacite réconduction ne pourra être invoquée que pour l'année.

Art. 3. Il est convenu que, sans qu'il soit besoin d'une estimation préalable, le preneur et le bailleur s'en rapportent, d'un commun consentement, à l'issac (cheptel) ci-après spécifié et estimé :

(Ici le détail des bestiaux, des charrettes, charrues, crèches, rateliers, avec leur estimation.)

Ces différents objets sont la propriété du bailleur, et doivent, lors de l'expiration du bail, être représentés en nature, de même espèce, de même valeur et en bon état.

Art. 4. Il est reconnu que les semences de toutes natures ont été fournies de moitié par le preneur et le bailleur.

Art. 5. Le preneur ne pourra semer annuellement que 24 hectolitres de seigle sur 10 hectares 56 ares; 7 hectolitres de froment sur 3 hectares 10 ares; 4 hectolitres d'avoine sur 1 hectare 76 ares. Il ne pourra, non plus, semer que 35 sacs (35 hectolitres) de pommes de terre, du poids de 80 kilogrammes chacun.

Art. 6. Il est défendu au preneur de changer les assolements établis; il devra se borner à fumer et ensemencer les terres en temps et saisons convenables. Quant aux fourrages artificiels, il pourra en faire une aussi grande quantité qu'il le désirera, mais sur les terres à labour seulement.

Art. 7. Le preneur devra convertir en fumier toutes les pailles pour l'engrais des terres; les foins et fourrages quelconques devront être consommés par les bestiaux de la métairie. Toute vente, toute distraction, même indirecte, sont formellement interdites.

Art. 8. Pendant toute la durée du bail, le preneur sera tenu d'entretenir et nourrir constamment, sur le domaine affermé, le nombre de bêtes à cornes et à laine porté dans le cheptel; et, à partir du commencement de la dernière année du bail, le preneur ne pourra plus ni vendre, ni échanger aucun des bestiaux formant la souche du cheptel ; il n'aura ce droit que pour les bêtes excédant le nombre porté dans la table d'issac.

Art. 9. Les prés ne pourront être défrichés ; ils seront mis en défense, pour les bêtes à laine, le 15, et pour les bêtes à cornes, le 25 mai de chaque année.

Art. 10. L'entretien de tous les fossés, béals, retenues, réservoirs et conduites d'eau, demeure entièrement à la charge du preneur, qui, la dernière année du bail, devra bien faire arroser les prés.

Art. 11. Les bois sont exceptés du présent bail ; le preneur ne pourra, sous quelque prétexte que ce soit, y envoyer paître son bétail.

Art. 12. Le preneur sera tenu envers le bailleur des obligations suivantes : il fera, sans avoir droit à aucune indemnité, les charrois et transports pour les constructions, réparations, etc. entreprises par le bailleur sur les fonds affermés, ainsi que sur les propriétés qu'il possède à.........; il transportera à....... tous les arbres et bois coupés sur le domaine affermé; il transportera annuellement à........ 20 stères de bois de chauffage ou charbon provenant des diverses propriétés du bailleur.

Il plantera annuellement à ses frais, et dans les endroits désignés par le bailleur, 50 pieds d'arbres pris dans les diverses pépinières du bailleur. Il plantera, également à ses frais, chaque année et dans une longueur de 60 mètres, sur des terrains désignés par le bailleur, des haies de buisson blanc (aubépine). Le plant sera fourni par le bailleur. Les haies doivent être défendues des bestiaux ; les dommages qui y seraient occasionnés tombent à la charge du preneur.

Art. 13. Le preneur donnera annuellement, portables à. . . . ., 24 têtes de volailles, 3oo œufs de poule, 4 kilogrammes de beurre frais, 6oo kilogrammes de foin séché et préparé, pris sur le pré désigné chaque année par le bailleur; 5oo kilogrammes de paille, 1 hectolitre d'avoine, 1/2 hectolitre de haricots, 6 hectolitres de pommes de terre, 2 hectolitres de navets, 1 hectolitre de blé noir, 3 kilogrammes de fromage de montagne sec et sain, une forte charretée de genêt, les légumes en vert pour l'usage du bailleur quand il sera à. . . . ., la moitié du miel et de la cire, s'il venait à y avoir des ruches; 1/4 d'hectolitre de lentilles, 1 litre de lait de vache tous les mardis, jeudis et samedis de chaque semaine.

Art. 14. Défense expresse est faite au preneur de tenir ou faire tenir par des tiers des chèvres.

Art. 15. La dernière année du bail, le preneur devra laisser, sous peine de dommages-intérêts, les pailles et foins bien préparés, et les mettre en son enclos, ou les engranger. Toutefois, il sera remis au preneur, pour la nourriture et l'entretien des bestiaux cette même année, jusqu'au jour de sa sortie, 1,4oo kilogrammes de foin, et le 6ᵉ de la paille de seigle seulement. Une fois les prés mis en défense, le preneur ne pourra plus donner à la crèche d'autres fourrages en vert que les fourrages artificiels, s'il y en a, et faire dépaître d'autres prés que celui du......

Art. 17. Le preneur sera tenu, dans la dernière année du bail, de laisser les terres ensemencées en récoltes dites d'hiver. L'année suivante, il viendra faire la cueillette de ces récoltes et prendre sa part des grains seulement.

Art. 18. Le preneur devra se procurer son bois de chauffage ainsi qu'il avisera.

Art. 19. Les bois pour l'entretien des charrettes et charrues seront à la charge du preneur.

Art. 20. Le preneur cultivera, gérera et administrera en bon père de famille; il surveillera tous les droits réels, les servitudes actives et passives, et dénoncera en temps utile les entreprises commises sur le domaine affermé.

Art. 21. Le bailleur se réserve le droit de faire, sur le domaine affermé, toutes réparations, améliorations et constructions qu'il jugera à propos d'entreprendre, sans que le preneur puisse réclamer aucune indemnité.

Art. 22. Le droit de pêche et de chasse est réservé par le bailleur.

Art. 23. Les cas fortuits, prévus et imprévus, demeurent à la charge du preneur, sauf le cas de grêle, qui sera réglé par les lois ordinaires; il devra toutefois faire constater, dans les cinq jours du sinistre, par un expert choisi

par lui et un autre par le bailleur, l'étendue du dommage.
Le bailleur ne sera jamais tenu que de payer la moitié du
dommage.

Art. 24. Les impositions foncières proprement dites
demeurent seules à la charge du bailleur; toutes autres
impositions, telles que l'impôt mobilier et personnel, les
prestations en nature, etc. doivent être supportées en entier
par le preneur.

Art. 25. Outre les charges, clauses et conditions du
présent bail, le prix de ferme demeure fixé à la somme
annuelle de........., payable en deux termes, savoir :
.... francs le 24 juin et .... francs le 1ᵉʳ novembre. Ces
divers payements seront faits à....., chez telle personne
désignée par le bailleur.

Art. 26. Il est de convention expresse que le bailleur
aura la faculté de résilier le bail après un simple acte
d'avertissement équivalant à congé, et sans autre formalité
de justice, et reprendra la libre et entière administration
de son bien affermé, le 1ᵉʳ novembre qui suivra l'avertissement donné :

1° Si le preneur vient à acheter des fonds contigus ou
rapprochés dudit domaine;

2° Si le preneur vient à décéder avant l'expiration du
bail;

3° Si le bailleur vient à vendre le domaine affermé;

4° Si le prix stipulé n'est pas exactement payé à chaque
échéance;

5° Si les foins, pailles et autres engrais viennent à être distraits ou vendus ;

6° Si les terres labourables sont trop chargées, si elles ne sont pas fumées ;

7° Si le domaine affermé n'est pas constamment garni d'un nombre de bêtes à cornes et à laine égal à celui porté dans le cheptel ;

8° Si, en un mot, le preneur ne se conforme pas à toutes les obligations imposées par le présent bail.

Art. 27. L'exercice des cas divers de résiliation ne donnera lieu à aucune répétition d'indemnité contre le bailleur.

Art. 28. Si le preneur venait à quitter le domaine affermé avant l'expiration du bail, il sera tenu de payer, à titre de dommages, au bailleur, une annuité du bail, et cela sans préjudice de l'annuité courante, qui devra être acquittée en entier.

Art. 29. Est intervenu au présent le sieur....., cultivateur, demeurant à........., lequel, après avoir pris communication du présent bail, a déclaré se rendre et constituer caution solidaire dudit sieur....., pour raison du payement exact du prix de ferme et de l'exécution de toutes les charges, clauses, conditions et réserves du bail, et encore de tous les objets qui composent le cheptel dudit domaine ci-dessus énumérés ; en conséquence, il s'oblige, solidairement avec ledit sieur...... au payement du prix de ferme et à l'exécution des charges, clauses et conditions; le tout dans les termes et de la manière ci-dessus énoncés.

Pour l'exécution des présentes, lesdits sieurs...... se soumettent à la contrainte personnelle, et ledit sieur.... affecte, oblige et hypothèque spécialement et par exprès un corps de domaine dont il a la propriété et qu'il exploite par lui-même, situé à........., composé de........, avec leurs appartenances et dépendances.

Art. 30. Les frais du présent acte seront, suivant l'usage, à la charge du preneur.

Dont acte fait et lu aux parties, en l'étude de M^e...... notaire à.......

(Suivent les signatures.)

La quatrième classe de cultivateurs comprend les petits propriétaires, désignés sous le nom de paysans, pagès ou biens-tenant, qui mettent eux-mêmes la main à l'œuvre et s'aident d'un ou deux valets, suivant l'étendue de la métairie. Quand ils possèdent un fonds de roulement suffisant, ils offrent, en général, les procédés les plus parfaits de culture. C'est que, chez eux, l'intelligence est réunie à l'activité; l'ordre, l'économie, la frugalité, des mœurs irréprochables caractérisent ces patriarcales familles où le travail, accepté comme un devoir, ne cesse d'être en honneur, même après l'aisance qu'il a procurée. Parmi eux, le fils n'a d'autre ambition que celle de remplacer son père et de transmettre, à son tour, l'héritage paternel à ses enfants. L'apprentissage du métier se fait sous la direction du chef de famille ; tous lui obéissent comme les premiers de ses serviteurs, et quand l'aîné est en âge de prendre la gestion du domaine, il trouve autour de lui des bras dociles et des volontés disposées à le seconder, parce qu'on l'a vu passer par les difficultés de la pratique et que, tout en devenant le maître, il ne reste pas moins le premier ouvrier de l'exploitation. Les biens-tenant existent sur plusieurs points du département, à Carlus, Lugan, Rabastens, Castelnau, Labastide, Senouillac, Cestayrols, Gaillac, Cordes, etc.

Cette classe grandit tous les jours. Si l'on songe à l'impossibilité presque absolue où se trouvent aujourd'hui les métayers d'adopter les méthodes perfectionnées qui exigent des avances de fonds et un capital de roulement plus considérable ; si l'on tient compte des obstacles sérieux que le fractionnement des exploitations oppose aux propriétaires qui voudraient chercher une carrière profitable dans la culture du sol, on est amené à penser que tout espoir d'une agriculture progressive dans le département du Tarn repose sur les pagès. Aucune classe de cultivateurs ne saurait leur être comparée pour la tenue des terres ; personne, aussi bien qu'eux, n'obtient des ouvriers un travail assidu et économique ; nul ne vend ses denrées avec plus d'avantages. Le seul reproche qu'on soit en droit de leur adresser, consiste dans la part insuffisante qu'ils font aux récoltes fourragères et dans la proportion trop faible de leurs bêtes de rente, relativement à l'étendue des terres soumises à la charrue ; toutefois, plusieurs sont, à cet égard, en voie d'amélioration très-remarquable. Le jour où le bétail et les fourrages auront à leurs yeux toute leur valeur, l'agriculture du pays recevra une forte et durable impulsion.

OUVRIERS EMPLOYÉS A LA CULTURE DU SOL.

On distingue deux sortes d'ouvriers agricoles dans le département : les *journaliers,* louant leurs services à la journée, et les *solatiers*, avec lesquels on convient des travaux de la récolte à exécuter, moyennant un prix déterminé.

Pour les premiers, les prix varient suivant la saison où on les emploie, le genre d'ouvrage auquel on applique leurs bras et l'usage reçu dans chaque localité.

Dans le canton de Lavaur, les journaliers gagnent, en hiver, 70 à 90 centimes, et depuis 1 fr. 10 cent. jusqu'à 1 fr. 40 cent. en été, sans la nourriture ; les femmes ont de 5o à 6o centimes. Les journaliers chargés du fauchage des prés reçoivent 1 fr. 40 cent, et une bouteille de vin par jour. Au temps de la moisson, les prix sont différents : on donne aux hommes de 1 fr. 25 cent. jusqu'à 2 francs; aux femmes depuis 90 centimes jusqu'à 1 fr. 40 cent. Ils font trois repas par jour : le premier à six heures et demie du matin, consistant en boudin ou saucisses, et en *millat* ou pâte faite avec de la farine de maïs; le deuxième a lieu à onze heures et demie : il se compose d'une soupe, d'un peu de viande et de millat; le troisième repas se prend à la fin du jour, les ouvriers ont un ragoût de viande et de légumes et du millat. Entre ces trois repas, ils font trois goûters légers, composés d'un peu de pain et de vin; ils boivent environ deux litres et demi de vin par jour. Les moissonneurs qui veulent louer leurs services, s'assemblent le matin, avant le jour, à Lavaur; ils traitent de gré à gré avec les propriétaires.

A Briatext, les journaliers reçoivent 50 centimes, hiver et été; ils sont nourris; de même à Salvagnac. Au moment de couper les blés et de faucher les prés, le prix de la journée est doublé.

Dans le canton de Rabastens, les journaliers, pendant les six mois d'hiver, se payent
1 franc et 1 fr. 50 cent. en été. On traite avec
eux pour faire exécuter le travail à la tâche.
Le fauchage d'un hectare de pré revient alors
de 3 à 4 francs.

A Gaillac, les journaliers se rendent, le
matin, sur la place publique pour convenir
avec ceux qui les emploieront du prix de leur
journée. La journée commence au point du
jour et finit à quatre heures du soir en toute
saison, au moment où le beffroi donne le si-
gnal de la retraite. Les prix varient suivant
que les travaux pressent plus ou moins; pour
couper les blés, on donne généralement 1 fr.
50 cent. avec la nourriture.

Dans le canton de Vaour, le journalier gagne
1 franc sans la nourriture en hiver, et 1 franc
avec la nourriture en été.

Dans le canton de Cordes, la journée est
de 1 franc en hiver et de 1 fr. 50 cent. en
été; dans la moisson, elle monte quelquefois

à 3 francs. Les femmes n'ont que 4o centimes avec la nourriture ; pour les travaux du dépiquage, les hommes gagnent 1 franc, les femmes 75 centimes ; les uns et les autres sont nourris.

Dans le canton d'Albi, 1 franc l'hiver et 1 fr. 5o cent. l'été ; pendant la moisson, on nourrit les journaliers ; le prix de la journée s'élève alors à 2 et 3 francs, suivant la rareté des bras.

A Réalmont, on paye la journée 1 franc en hiver, et l'on donne 1 fr. 25 cent. à 2 francs avec la nourriture pour couper les foins ou le blé.

Dans le canton d'Alban, on trouve facilement des journaliers, en hiver, pour 25 à 3o centimes et la nourriture ; en été, ils ont 6o centimes et la nourriture ; pendant la moisson, on leur donne 1 fr. 25 cent. et on les nourrit ; l'arrachage des genêts et les travaux d'écobuage se payent 5o à 6o centimes la journée. Un vacher de douze ans, se louant

du mois de mai à la Toussaint, reçoit son ha-
billement, évalué 24 francs; le berger gagne
de 25 à 30 francs et est habillé.

Chez M. Delrieu, à Trévien, les journaliers
reçoivent 50 centimes l'hiver, 60 centimes
l'été. Ceux qui fauchent les prés et coupent
les blés gagnent 1 fr. 50 cent. tous sont
nourris.

Dans le canton de Lautrec, les journaliers
ont 75 centimes l'hiver et 90 centimes l'été;
ils ne sont nourris qu'à l'époque du fauchage
des prés et du sciage des blés.

A Saïx, M. de Martrin donne à ses journaliers, du 1er avril au 1er novembre, 1 franc;
pendant les six mois d'hiver, 90 centimes sans
la nourriture; les faucheurs ont 1 fr. 25 cent.
et un litre de vin; les dépiqueurs 1 fr. 10 cent.
et un litre de vin par jour. Dans le pays, tous
les travaux de récolte se payent de 2 francs
à 2 fr. 50 cent. par jour. Les femmes, pendant les six mois d'hiver, gagnent 40 centimes, le reste du temps, 60 centimes; pen-

dant les travaux qui pressent, tels que les sarclages et l'éducation des vers à soie, elles reçoivent 75 centimes; pour le sciage et le dépiquage, 90 centimes. M. de Martrin ne les nourrit pas.

Dans le canton d'Anglès, les journaliers sont nourris; ils ont 50 centimes en hiver, 60 centimes en été, jusqu'à la moisson; à cette époque, 1 franc 50 centimes. Pour faucher les prés, on leur donne de 75 centimes à 1 franc; pour dépiquer, de 60 à 75 centimes.

A Vabre, la journée se paye 1 franc l'hiver; on ajoute la nourriture pour le fauchage des prés, le sciage des grains et le battage au fléau.

Dans le canton de Saint-Amans, on donne 1 franc aux journaliers, et on les nourrit l'été.

Dans le canton de Castres, la journée se paye 90 centimes en hiver, sans nourriture; l'été, 1 franc 25 centimes. Pour couper les foins, on donne 1 franc 50 centimes et une bouteille de vin.

Les *solatiers*, appelés aussi *estivandiers*, sont des gens qui se chargent d'exécuter les travaux de la récolte pour le compte du propriétaire ou du métayer, moyennant une part déterminée dans les produits de la récolte. Pour accomplir cette tâche, ils se forment ordinairement en petites associations. Chaque couple se compose d'un individu fort et d'une personne faible : le mari et la femme, le frère et la sœur, le fils et la mère s'offrent ensemble et travaillent de concert. Le solatier infirme ou vieux est assimilé à une femme, et travaille alors avec son fils ; tous les profits se répartissent, par égales parts, entre eux. Peu d'institutions offrent autant de garanties de moralité. Le solatier est probe, actif, laborieux, d'un commerce facile : qui voudrait, en effet, dans une association solidaire, d'un travailleur improbe, d'un paresseux ou d'un brouillon? Avec le solatier, le propriétaire n'a rien à redouter

de la part du métayer ; ses récoltes sont placées sous une surveillance active. Pour qu'il
fût trompé, il faudrait que solatiers et métayers s'entendissent d'un commun accord ;
chose difficile, sinon impossible entre gens
disposés à rapiner et à se partager le produit
de leur vol ; tôt ou tard une indiscrétion vien-
drait dévoiler leurs méfaits et les trahir malgré toutes leurs précautions.

Les conventions faites avec les solatiers
pour les travaux de la moisson varient suivant les localités.

Dans la commune de Saïx, on leur donne
le huitième des grains récoltés, pour couper
le blé, le lier, le dépiquer au fléau et le nettoyer.

A Castres, excepté les foins et les fourrages
artificiels, les solatiers *lèvent toutes les récoltes,*
c'est-à-dire qu'ils les travaillent, les coupent
et les dépiquent moyennant le huitième, le
neuvième ou le dixième du grain , les pailles
restant toujours à la propriété. Outre la re-

devance en grains, on donne, par chaque individu, à pelleverser en hiver un demi-hectare, que le solatier est chargé d'ensemencer, sarcler et buter à ses frais, et dont il prend la moitié des produits en grains; dans les bons fonds, il paye, pour ce demi-hectare, 6 francs au propriétaire.

A Saint-Amans, les solatiers prélèvent le cinquième, le sixième ou le septième de la récolte, suivant que celle-ci est plus ou moins abondante.

A Rabastens, les solatiers loués par les biens-tenant, reçoivent, dans les bons fonds, le huitième, et dans les terres moins riches, le septième de la récolte en grains. Ils coupent le blé, font la gerbière, battent la récolte, la nettoient, et construisent les meules de paille.

Dans la commune de Rivières, le solatier s'engage pour deux mois, à compter de la Saint-Jean, jusqu'à la fin d'août; le métayer lui paye 70 francs et le nourrit. Quand le solatier se loue jusqu'à la Saint-Martin, on lui donne 3o francs en sus de la première somme.

INSTRUMENTS ARATOIRES.

Les instruments usités pour la culture des terres, dans le Tarn, sont : la charrue, la herse, le rouleau, le pelleversoir, la galère et la houe.

CHARRUE.

On emploie trois sortes de charrues dans le département : l'araire, la charrue à versoir, appelée *mousse*, et la charrue Rouquet.

L'araire se compose des pièces suivantes : 1º le sep taillé en pointe : deux oreillettes surmontent ses côtés; 2º le soc, ordinairement à deux ailes et en fer de flèche, se prolongeant en pointe, et se terminant par une queue en fer servant à l'emmancher; 3º l'âge brisé dans sa partie extérieure, traversé par deux tiges en fer ou étançons, qui le relient au sep, et viennent se fixer sur un coin par une sorte de lunette en fer ayant la forme d'un 8 de chiffre : entre ce 8 et l'âge, s'interposent plusieurs morceaux de bois qui relèvent ou laissent retomber le soc, et servent à déterminer l'entrure; 4° le mancheron : il s'engage dans l'âge et se fixe au moyen d'un coin en bois.

Cet instrument ne coupe la terre ni horizontalement ni verticalement, il y entre à la manière d'un coin, la soulève et la déplace en y traçant un sillon triangulaire. Longtemps il a tenu lieu de charrue dans le pays; on le promenait plusieurs fois en différents sens à travers la jachère et, lorsque la surface du sol avait été ameublie par ces cultures grossières à 8 ou 10 centimètres de profondeur, la terre n'avait plus d'autres préparations à recevoir. Aujourd'hui, il n'en est pas ainsi; l'araire n'est plus employée que pour compléter le travail de la charrue. Sur un labour profond, elle produit de bons effets; toutefois, son action ne saurait être comparée à celle de l'extirpateur ou du scarificateur, instruments bien autrement énergiques et expéditifs, et qui rendraient de grands services dans le Tarn; malheureusement, ils y sont inconnus.

L'araire coûte 20 francs; on l'emploie dans la partie basse du département pour les troisièmes labours, les façons d'été et les labours de semailles. Toutes les autres cultures, telles que labours des vignes, défrichements des prairies artificielles, semaille des fèves, premier et second labour de jachère, s'exécutent avec la *mousse*.

FIG. 1.

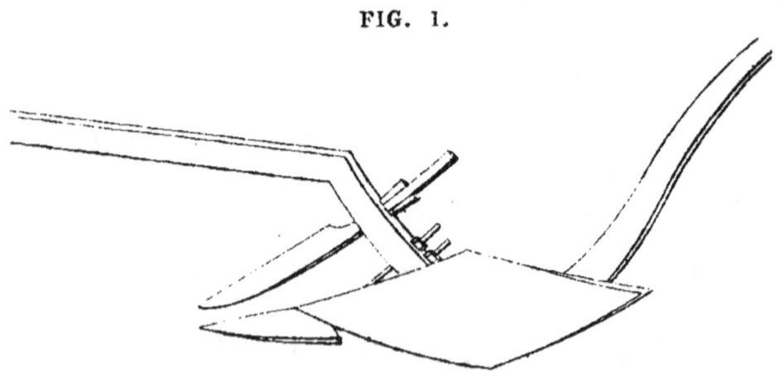

L'introduction de la mousse, ou charrue à

versoir (fig. I), ne paraît pas remonter au delà du siècle. Les premiers modèles importés ne ressemblaient guère à la charrue actuelle. Légers de fer, armés d'un soc et d'un coutre insuffisants, construits par des ouvriers inexpérimentés, et qui avaient, en quelque sorte, peur de leur œuvre; livrés à des laboureurs novices et prévenus contre cet instrument nouveau, auquel on n'attelait qu'une misérable paire de vaches ou des bœufs efflanqués, ils ne pénétraient guère à plus de 13 centimètres de profondeur; mais, peu à peu, les charrons sont devenus plus habiles, les forgerons se sont montrés moins ménagers du fer dans la confection du soc et du coutre; les laboureurs, de leur côté, se sont familiarisés avec cette charrue et ont appris à la conduire; enfin, l'augmentation de force et de taille obtenue chez les bêtes de trait à l'aide d'une meilleure nourriture et de soins mieux entendus, ont amené une grande amélioration dans les labours exécutés avec la mousse.

Cette charrue pénètre à 16 et 18 centimètres de profondeur. Les reproches qu'on pourrait lui adresser sont : 1° de creuser inégalement le sillon, ce qui oblige de recourir à des labours croisés pour que le sol soit travaillé partout à une profondeur uniforme ; 2° de mal renverser la tranche détachée par le soc et de laisser ainsi une partie de l'herbe à nu à la surface du sol ; 3° de donner beaucoup de tirage aux attelages. Elle a, de plus, l'inconvénient de s'user vite, de se casser fréquemment et de varier sans cesse dans ses proportions, chaque ouvrier la construisant à vue d'œil et seulement d'après des modèles mis hors de service.

C'est en partie à ces défauts, mais surtout à l'infériorité incontestable qu'elle présente comparativement à la charrue Rouquet, qu'il faut attribuer la tendance actuelle des propriétaires éclairés du Tarn à renoncer à la mousse.

Cette charrue a fait son temps dans la

plaine ; d'après la marche des perfection-
nements agricoles, on ne la retrouvera plus,
sans doute, dans quelques années, que chez
les métayers retardataires.

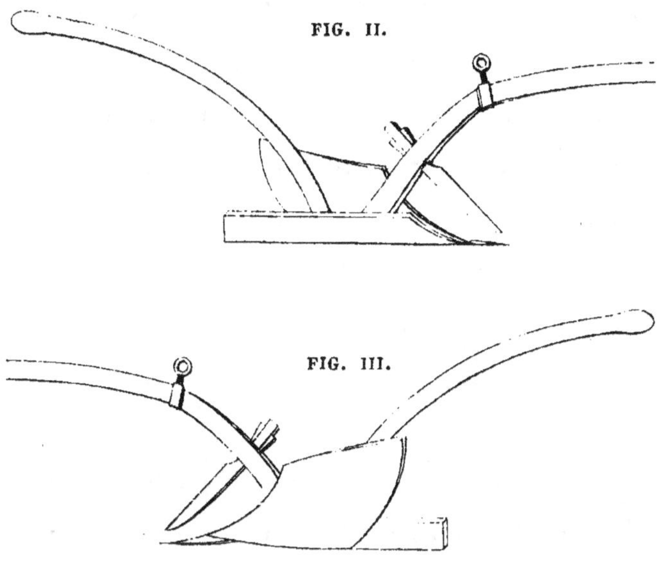

La charrue Rouquet (fig. II et III) est une
heureuse imitation de la charrue Dombasle.
Construite en fer, d'après un modèle bien
étudié et qui ne varie pas dans ses proportions
suivant le caprice de l'ouvrier, elle réunit
toutes les conditions exigées d'une bonne char-

rue. Le soc est plat et tranchant ; il n'a qu'une seule aile, il coupe horizontalement la bande de terre. Le versoir, légèrement creusé à sa partie antérieure et courbe à sa partie postérieure, renverse parfaitement la bande de terre sous un angle de 45°, en laissant le fond du sillon bien évidé. Elle laboure aisément à 24 centimètres de profondeur avec une seule paire de bœufs. Quand on veut aller à 32 centimètres, il faut doubler l'attelage. Cette charrue coûte 45 et 50 francs, prise à Toulouse ; dans le pays, sa confection revient à 40 francs.

En général, les labours, dans le Tarn, s'exécutent avec beaucoup de soin ; leur profondeur moyenne est de 18 à 20 centimètres ; elle descend même à 27 centimètres dans les métairies où la charrue Rouquet a remplacé la mousse.

Le déchaumage, c'est-à-dire cette culture superficielle qui a pour objet d'ouvrir le sol immédiatement après l'enlèvement de la récolte, pour faire germer les semences des mauvaises herbes et les enfouir ensuite par un labour profond, est généralement inconnu, au grand préjudice de la propreté des terres. Les cultivateurs les plus soigneux suppléent à cette opération capitale par le travail lent et coûteux de l'araire. Personne n'y emploie l'extirpateur ou le scarificateur, et cependant la netteté du sol peut-elle s'obtenir, d'une manière plus facile et plus économique qu'à l'aide du déchaumage? Il ne demande, pour ainsi dire, que de la bonne volonté; son influence sur les récoltes est telle, que tout cultivateur qui le pratique avec soin, ne doit plus se préoccuper de l'envahissement des mauvaises herbes; les plantes fourragères et les récoltes sarclées achèvent de faire justice de ces parasites, qui, dans l'état actuel des choses, causent un déficit effrayant dans les produits du sol.

La forme donnée aux labours varie suivant les localités. Dans la partie basse du département, les labours à billons étroits dominent;

chez les uns, ils ont 1 mètre de large, chez les autres, leur largeur est de 1 mètre 5o centimètres à 2 mètres..

Le nombre des labours dépend naturellement du genre des récoltes qu'on veut cultiver. Pour la jachère, il est rare qu'on donne moins de quatre ni plus de six labours ; communément, on n'ouvre la jachère qu'au printemps, même dans les terres fortes où un labour d'hiver profond serait si efficace pour leur ameublissement. Tous les labours sont croisés, l'araire alterne avec la mousse. Nulle part la herse et le rouleau ne suivent la charrue ; on ne se doute même pas que ces instruments puissent aider à perfectionner le travail du laboureur et à atteindre le but qu'on se propose en soumettant le sol à la jachère.

HERSE.

A l'exception d'un petit nombre d'exploitations où la herse a été récemment introduite, on peut dire que cet instrument est presque inusité dans le département du Tarn. Il est impossible, en effet, d'accorder le nom de herse aux cadres grossiers (rasouls) armés de dents rangées sur une seule ligne, qu'il faut charger de pierres pour en obtenir un résultat tel quel; encore moins cette dénomination convient-elle aux fagots liés en triangle dont on se sert, dans la montagne, pour niveler les terres et les disposer à recevoir les semailles d'automne. Les quelques herses à dents en fer qu'on emploie par exception laissent beaucoup à désirer. En général, elles embrassent un espace trop considérable; elles sont trop lourdes, et, par suite, se traînent lentement et donnent beaucoup de tirage aux attelages. Leurs dents, mal distribuées, s'enfoncent dans le cadre en bois sans y être fixées par des boulons; aussi en sème-t-on quelques-unes chaque fois que la herse est mise en mouvement. La herse Valcourt, suivant nous, remplacerait avec avantage ces instruments défectueux.

8.

ROULEAU.

Ainsi que la herse, le rouleau n'est employé sur les terres que par un petit nombre de propriétaires, et seulement encore dans les sols qui ont besoin d'être raffermis, tels que les *causses* soulevés par la gelée. Personne ne s'en sert pour briser les mottes ou pour tasser les terres trop légères, et leur conserver ainsi un peu de fraîcheur. Cet instrument cependant, appliqué à ce but, rendrait de grands services. Combiné avec la herse, il dispenserait de recourir à l'emploi si coûteux de la *masse* pour briser les mottes, et, par un travail plus expéditif, il permettrait au cultivateur de jeter la semence dans un sol ameubli en temps opportun. Le rouleau ne serait pas moins avantageux pour compléter l'action de la charrue sur les terres soumises à la jachère. Non-seulement il aiderait à pulvériser le sol conjointement avec la herse, alors que les mottes, encore imprégnées de

fraîcheur, se laissent écraser sans difficulté;
mais il fermerait la couche arable aux rayons
d'un soleil dévorant, et la préserverait d'une
évaporation d'autant plus fâcheuse, qu'elle se
produit sous un climat plus chaud. Des rouleaux en bois, de 1 mètre 29 centimètres de
longueur sur 60 centimètres de diamètre,
auraient toute l'énergie désirable sur les sols
argilo-calcaires du département, pourvu,
toutefois, qu'on sût les mettre en jeu à propos, circonstance difficile à saisir, il faut l'a-
vouer, dans un pays où quelques rayons d'un
soleil ardent rendent la terre dure comme
roc, si l'on n'est pas résolu à déployer tout
d'un coup les ressources nécessaires en instruments, en hommes et en attelages.

PELLEVERSOIR.

FIG. IV.

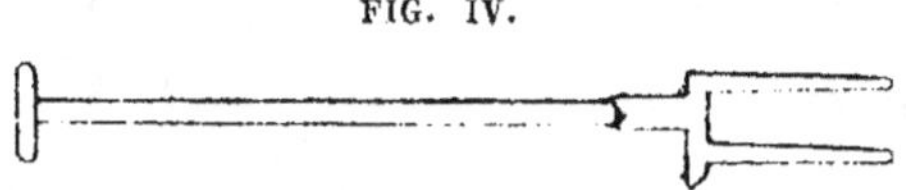

Le pelleversoir (fig. IV) joue un grand rôle
dans la culture des terres de plusieurs dépar-

tements du sud-ouest; on s'en sert pour les
défoncements à bras. Un manche en bois de
1 mètre de longueur, porte, à l'extrémité
d'une douille, une traverse en fer plus longue
d'un côté que de l'autre, de laquelle partent
parallèlement et à angle droit deux dents en
fer, longues de 32 centimètres et séparées
l'une de l'autre par un écartement de 12 à
14 centimètres. L'opération du pelleversage
s'effectue de la manière suivante; nous en em-
pruntons la description à M. le baron Charles
Séré de Rivières : « Trois hommes, ou deux
hommes et une femme, les pieds logés dans
des sabots, enfoncent simultanément leurs
pelleversoirs dans le sol, à 15 centimètres l'un
de l'autre. Ce premier effort, qu'accompagne
une forte pression du pied sur la traverse, est
suivi d'un second et d'un troisième, et, quand
les pelleversoirs ont pénétré de toute la longueur de leurs dents, lorsque la traverse se
trouve au niveau du sol, les ouvriers attirent
à eux leurs leviers par un mouvement simul-

tané ; ils soulèvent et renversent sur elle-
même une tranche de terre, large de 27 centimètres, longue de 70 à 80 centimètres et
profonde de 25 centimètres. Cette première
tranche renversée, ils font ensemble un pas
à droite ou à gauche et soulèvent une seconde
tranche à côté de la première. Dans cette
marche successive des trois pelleversoirs, celui
du milieu est enfoncé parallèlement au talus et
les deux autres forment avec lui un angle lon-
guement obtus, de telle sorte, que la tranche
soulevée ressemble à un hexagone, et que le
champ présente une série de cubes à peu près
égaux inclinés l'un sur l'autre. » Cette disposition, qui offre tant de surfaces aux influences
atmosphériques, est très-favorable au sol ; elle
l'aère, le divise et l'ameublit à une grande
profondeur. Le travail dn pelleversoir ne saurait être égalé par la meilleure charrue. Dans
un sol de consistance moyenne, il revient à
35 ou 40 francs par hectare. A Tersac, dans
la plaine d'Albi, M. Conon fait pelleverser ses

terres à raison de 2 francs 5o cent. par mille
mètres carrés ou de 25 fr. par hectare. M. de
Guérin, à Andillac, paye le pelleversage en nature ; il donne 2 hectolitres de blé par hectare.
A l'exemple de ce qui se passe sur quelques
points de la Belgique, la plupart des propriétaires du Tarn ont l'excellente habitude
de donner, chaque année, une certaine quantité de terrain à pelleverser. Les conventions
varient suivant que le défoncement est plus
ou moins complet. Quand il dépasse 32 centimètres de profondeur, les ouvriers prennent
la récolte entière des vesces, des fèves ou du
maïs, qu'ils ont semée sur cette terre défon-
cée et travaillée par eux ; lorsque le pelleversoir ne descend pas au delà de 32 centimètres,
la récolte se partage à moitié entre les ouvriers et le propriétaire : ce dernier ne supporte aucun des frais de menue culture, les
sarclages, binages, butages sont à la charge
des travailleurs.

GALÈRE.

FIG. V.

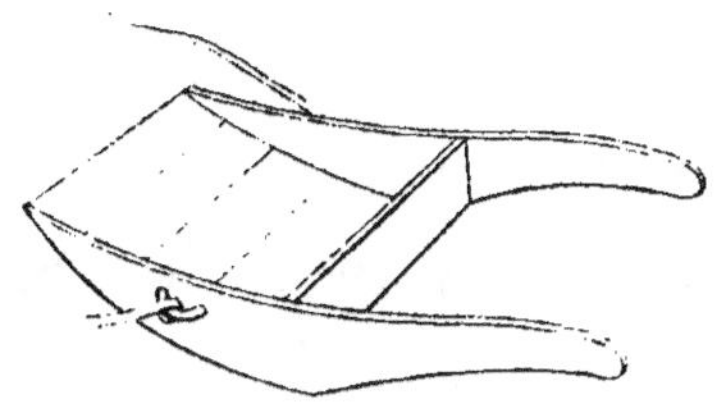

La galère, ainsi que la représente la figure V ci-dessus, est une espèce de traîneau
attelé d'un cheval ou d'une mule ; l'ouvrier
la charge en soulevant les mancherons. C'est
l'instrument par excellence pour niveler les
bords des pièces et pour les transports de
terre ; il va sans dire que le sol sur lequel on
opère doit avoir été préalablement labouré
et se trouver en bon état d'ameublissement.
Partout où tombe la terre charriée par la galère, le sol fait merveille ; aucun engrais n'é-
gale cet amendement, dont l'action se fait
sentir pendant plusieurs années ; en revanche,
il faut donner une double fumure aux endroits que l'on a dépouillés de leur couche
végétale.

La galère, trop peu répandue dans le département, est appelée à rendre de grands services en facilitant aux cultivateurs le moyen de reporter au milieu des pièces la terre amoncelée successivement sur les bords par la charrue; son emploi, combiné avec des raies d'écoulement habilement dirigées, contribuerait puissamment à l'assainissement du sol : avis aux propriétaires de terres mouilleuses! Une galère bien confectionnée, doublée en tôle, coûte de 40 à 50 francs.

HOUE.

FIG. VI.

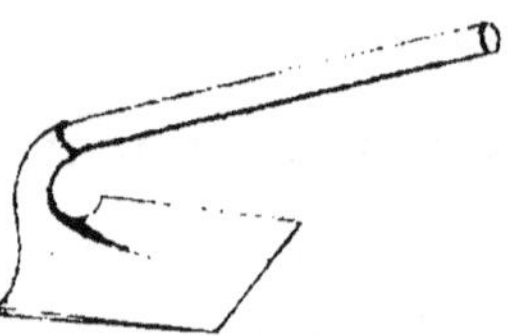

FIG. VII.

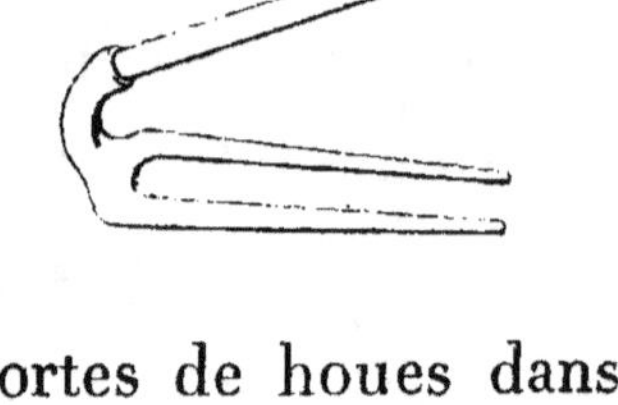

On distingue deux sortes de houes dans le département : la houe simple ou *foussoue* (fig. VI), et la houe bidentée ou *bigos* (fig. VII); elles servent principalement dans la culture de la vigne. La première s'emploie de préférence dans les terres argileuses, la seconde, dans les *graves*.

La *houe à cheval* et le *butoir,* si nécessaires pour la culture des récoltes sarclées, n'existent que chez un petit nombre de propriétaires du Tarn; on remplace généralement leur travail par celui du laboureur, mais d'une manière imparfaite et certainement plus coûteuse.

ENGRAIS ET AMENDEMENTS.

FUMIERS.

A l'exception de quelques propriétaires, chez lesquels les fumiers, au sortir des étables, sont logés sous des hangars, étendus régulièrement par couches et arrosés chaque fois que le besoin s'en fait sentir, tous les autres apportent si peu de soins à leur confection, qu'on serait tenté de croire que l'art de préparer les engrais est inconnu dans le Tarn. Dans le plus grand nombre des métairies, tout se borne à mettre un peu de litière sous les animaux; elle y reste huit ou quinze jours en hiver, moins longtemps en été. Après ce temps, le fumier est tiré de l'étable pour être jeté dans un trou ou amoncelé sur le sol, dans un coin de la cour. Là, exposé de toutes parts à l'air et au soleil, il s'évapore et se dessèche; l'unique arrosement auquel il soit soumis, lui vient du ciel, les pluies le pénètrent, le lavent et le dépouillent de ses principes fertilisants. Chaque orage ne manque jamais de le détériorer; le purin, entraîné par des eaux torrentielles, va se perdre le long des chemins, dans les ruisseaux et dans les mares où s'abreuve le bétail. Quand le moment de porter le fumier sur les terres est venu, une partie de l'engrais s'est dissipée dans l'air, et ce qui reste a singulièrement diminué de volume et de valeur.

Le fumier est généralement transporté sur les terres après avoir séjourné pendant six mois dans la cour de la métairie. La plupart des bordiers mettent beaucoup de diligence à l'épandre et l'enfouir; il est néanmoins plus d'une localité où les fumiers, déposés par petits tas dans les champs, restent ainsi pendant trois semaines à la surface du sol, où ils achèvent de perdre le peu de force qui leur restait.

Que le sol soit fort ou léger, l'engrais lui est toujours appliqué sous le même état, c'est-à-dire complétement fait; il est presque sans exemple qu'on se serve de fumier pailleux dans les terres lourdes et froides. L'usage de fumer directement le blé explique la préférence accordée aux engrais décomposés; toutefois, la peur des mauvaises herbes est loin de justifier ce procédé, alors qu'il serait si facile de tirer un bon parti des engrais frais en fumant les récoltes sarclées et les plantes fourragères : la houe à cheval, le butoir, d'un côté, la végétation vigoureuse des vesces, de l'autre, suffiraient pour assurer la propreté du sol, beaucoup mieux que ne le peut faire l'instrument trop souvent inoffensif des sarcleuses.

Il est rare qu'on emploie séparément les fumiers des différentes espèces d'animaux nourris dans les métairies. Les bergeries sont, il est vrai, vidées moins fréquemment que les étables à bœufs et les toits à porcs; mais quand le fumier en est tiré, on l'ajoute aux tas précédemment formés, et le tout est appliqué simultanément aux mêmes récoltes.

Dans certaines exploitations, on alterne chaque couche de fumier avec une couche de terre, jusqu'à la hauteur de 2 mètres environ; la partie supérieure du tas de fumier est abritée de l'air, de la pluie et du soleil par une couche de terre de 32 centimètres d'épaisseur.

M. Pous, à Lugan, emploie avec succès des composts dans lesquels la terre, le gazon et la bruyère sont mêlés par couches et arrosés d'eau de chaux; il les répand dans la proportion de 25,000 kilogrammes par hectare.

Chez M. David-Julien Loup, à Vabre, la bruyère, les genêts, la paille, après avoir

servi de litière aux animaux, alternent avec
des lits de terre et de vase d'étang. Le purin
est recueilli dans une fosse contiguë au fumier; on y jette les mauvaises herbes, et
quand elles ont suffisamment fermenté dans
le liquide, on les ajoute au tas de fumier.
Celui-ci regarde le nord, et est préservé de
l'eau des toits. Les urines des étables à vaches
et de la porcherie aboutissent à la purinière;
par des temps d'orage, le trop plein de la fosse
se déverse sur une prairie située au-dessous.
Cette dernière disposition se retrouve dans
plusieurs parties de la montagne de Lacaune
et d'Alban.

L'emplacement du fumier chez MM. de
Marliave, à la Fenasse, mérite d'être men-
tionné. Près de l'étable, dans la cour, se trouve
une enceinte carrée, en pierres cimentées avec
de la chaux hydraulique; elle a 1 mètre de
hauteur sur 40 centimètres d'épaisseur dans
le bas, et 10 centimètres de moins dans le
haut, qui se termine en angle aigu. Cette en-

ceinte, ouverte sur l'un des côtés, se divise en trois compartiments, mesurant chacun 9 mètres de long sur 6 mètres de large; le compartiment du milieu, creusé à 50 centimètres de profondeur, reçoit le purin. On s'en sert pour arroser les tas de fumier placés à ses côtés.

Le fumier des bêtes à cornes fournit la très-grande partie des engrais consommés dans le Tarn; celui des bêtes à laine y contribue pour une portion bien plus considérable que celle provenant des mules et chevaux nourris dans le département.

La quantité de fumier appliquée par hectare varie naturellement suivant la richesse des étables. Chez les uns, la fumure s'élève à 20,000 kilogrammes; chez les autres, à 15,000 kilogrammes seulement. Cette dernière proportion domine. Un chiffre, si fort au-dessous des besoins d'un sol consacré principalement à la production des céréales, dispense de toute réflexion; il indique clairement l'une des principales causes de l'état arriéré de l'agriculture dans le département du Tarn.

MARNAGE, CHAULAGE.

Si le département possède d'excellentes terres qui réunissent les conditions les plus favorables pour la culture, il en est aussi dont la composition laisse beaucoup à désirer; de ce nombre sont particulièrement les sols granitiques de la montagne dans les arrondissements de Gaillac, d'Albi et de Castres; les terres siliceuses de la rive gauche du Tarn, ainsi qu'une grande quantité de terres blanches, siliço-argileuses, réfractaires aux gelées, sujettes à se battre aux moindres pluies, à se prendre en croûte par la sécheresse, et présentant de grandes difficultés au cultivateur. A ces obstacles naturels, les ressources géologiques du département offrent un puissant remède dans l'emploi de la marne et de la chaux.

L'introduction du marnage dans le département est d'assez fraîche date, elle ne remonte pas au delà de trente à trente-cinq ans; ce procédé est surtout en vigneur dans cette partie de la rive gauche du Tarn qui comprend les communes de Parisot, Montans, Técou, Brens, Cadalen, Florentin, Tersac et Fontlabour; on s'y livre encore dans quelques autres localités, telles, par exemple, que Lugan, les environs de Lavaur, Réalmont, etc.

La manière d'appliquer la marne diffère selon qu'on agit sur des friches, des bruyères, ou sur une terre déjà cultivée. Dans le premier cas, on commence par défricher le sol à la charrue; on dépose ensuite la marne par petits tas; quand elle est suffisamment délitée, on l'épand avec une pelle et on l'incorpore ensuite dans la couche arable par plusieurs labours donnés avec l'araire. Dans le second cas, le sol a déja porté récolte; on se contente de déposer la marne sur le chaume, et on ne donne de façons au sol qu'au moment où l'on veut enfouir l'amendement. Le marnage s'effectue généralement dans les mois d'août et de septembre, parfois aussi dans le courant de l'hiver. Si l'on a marné à l'automne, on sème ordinairement au printemps des légumes, du maïs ou de l'avoine; le marnage a-t-il lieu en hiver, le sol subit une jachère complète, et, à l'automne suivant, on l'ensemence en blé.

Nulle part on ne fume l'année même du marnage, ni pour les deux ou trois récoltes qui suivent cette opération. La production du blé, du maïs, de l'avoine, sur des terrains qui ne portaient auparavant que du seigle et des bruyères, tel est le résultat immédiat qu'on obtient du marnage. Après cet amendement, le sol se trouve réellement transformé; malheureusement les cultures épuisantes auxquelles on le soumet sans engrais, et l'absence presque totale de récoltes fourragères destinées à réparer ses forces, l'empêchent d'atteindre la valeur qu'il acquerrait avec un système mieux raisonné : on est pressé de jouir, on ne veut point avancer d'engrais au sol, et c'est ainsi qu'en peu d'années on tue maladroitement la poule aux œufs d'or.

La quantité de marne répandue sur le sol n'est pas assujettie à une proportion uniforme; elle varie suivant la nature du terrain et l'espèce de marne qu'on a à sa disposition.

A Cadalen et Técou, on porte 1500 tombereaux, de 40 centimètres cubes, de marne calcaire par hectare. Entre Montans et Parisot, M. de la Combe répand 1300 tombereaux; son voisin, M. Gardès, en met 1800; à Florentin, M. Dussap n'emploie que 640 tombereaux par hectare, tandis que, près de lui, les habitants de la Grave en appliquent 1000 à 1200 sur la même étendue de terrain; M. Pous, à Lugan, sur une terre forte, emploie la marne calcaire dans la proportion de 400 tombereaux de 60 décimètres cubes par hectare; à Réalmont, les petits propriétaires répandent de 4 à 500 mètres cubes de marne par hectare.

Les frais du marnage varient suivant que la carrière d'où l'on extrait l'amendement est plus ou moins éloignée. Transportée à une distance de 600 mètres, la marne revient, chez plusieurs propriétaires, à 25 centimes, chez d'autres, à 35 centimes le tombereau de 40 centimètres cubes; à Florentin, M. Dussap le paye 55 centimes, y compris les frais de transport et d'extraction : dans ce dernier cas, le marnage d'un hectare lui revient à 352 francs; à Réalmont, il ne coûte que 250 francs.

Après le marnage, le sol double immédiatement de valeur.

Les effets de la marne se font sentir pendant vingt ou vingt-cinq ans. Dans beaucoup de localités du département, on tient pour certain qu'un marnage répété n'est point avantageux, même lorsqu'il n'y a plus trace du bienfait produit par l'opération première;

quelques exemples pris dans le pays pourront servir à apprécier cette assertion. MM. Dussap à Florentin, Gorsse à Montans, Gardès à Parisot, ayant mis la grande charrue dans des terres anciennement marnées et épuisées par des cultures successives de grains, ramenèrent la marne à la surface du sol. Cette terre, revivifiée à l'air, fertilisée par des fumiers et mêlée par des labours à la couche arable, recouvra sa première vigueur. Avec ces faits, ne serait-on pas en droit de conclure en faveur des marnages réitérés? Il est vrai, pour que le marnage primitif ou répété donne de bons résultats, il ne faut ni se dispenser de fumer, ni diminuer la proportion des fumures, ni charger le sol de récoltes épuisantes, sous prétexte que la marne est elle-même un engrais : cette erreur, et par suite ces fautes ne sont que trop communes dans le département.

La pratique du chaulage, dans le Tarn, date du commencement de ce siècle; on en

doit l'importation à un Flamand nommé Fas-
trait, attaché, en qualité de quartier-maître,
aux houillères de Carmaux. Le premier emploi qu'il en fit eut lieu sur de pauvres terres
à seigle du canton de Monestiés. Comme
bien l'on pense, les encouragements n'accueil-
lirent guère ses essais. Les voisins, fidèles à
leurs habitudes de charité, ne manquèrent
pas de s'égayer aux dépens de ce *barbare*, de
cet étranger, qui prétendait en savoir plus
qu'eux en agriculture; lui, cependant, de les
laisser dire et de continuer son œuvre en si-
lence. Son champ labouré, chaulé et fumé,
il l'ensemence en blé : nouvelle explosion dans
le pays. Prétendre, à l'aide d'une pierre
blanche, infertile, convertir des terres à seigle
en terres à froment, quelle folie ! Sur ces en-
trefaites, la semaille, favorisée par un beau
temps, lève avec vigueur. Le blé se comporte
bien pendant l'hiver et égale presque les seigles
du voisinage ; déjà les rieurs commençaient à
se montrer plus circonspects. Quel ne fut pas

leur étonnement quand, aux premières chaleurs, le blé prit une teinte foncée, talla avec force, couvrit la terre d'un riche tapis de verdure et se couronna bientôt après de superbes épis! Cette année, heureusement, fut favorable aux récoltes. A la moisson, chacun n'avait pas assez d'yeux pour admirer ces tiges de blé dépassant la hauteur des seigles et portant des grains nombreux et bien nourris dans leurs épis. Les rieurs, cette fois, ne se moquèrent plus; ils auraient volontiers crié au miracle; il firent mieux, ils adoptèrent le chaulage. Cette pratique, d'abord si décriée, fit bientôt fureur; on était enchanté de ses résultats merveilleux. Les terres, non-seulement ne connaissaient plus de repos, mais on en tirait consécutivement et sans engrais deux blés, suivis encore de maïs et de haricots.

Malgré ce succès inespéré, le chaulage, pendant longtemps, n'a été employé que dans les environs de Carmaux; mais depuis vingt ans, cette excellente pratique s'est répandue et a successivement rayonné dans les cantons de Monestiés, Pampelonne, Valderiès et Cordes. M. Gorsse l'a importée dans le canton de Valence, où elle est appelée à prendre un grande extension lorsqu'une route directe, traversant le canton de Valderiès, reliera Carmaux au Puy-Saint-Georges. Quelques essais de chaulage se sont aussi produits avec succès dans le canton de Villefranche, dans le canton de Roquecourbe, chez M. de Solages; dans celui de Réalmont, chez M. de Bonnes; enfin, dans une autre région du département, M. Audouy s'est beaucoup aidé de la chaux et a fait de grands efforts pour populariser dans les terres siliceuses de la plaine de Lavaur l'emploi de cet utile amendement.

Partout la chaux a produit les mêmes effets; partout, grâce à son influence, les terres à seigle, les terres de bruyère, les landes défrichées ont été converties en terres susceptibles de produire des prairies artificielles, du blé, des fèves, etc.

Et cependant, faut-il le dire? pendant que les défrichements continuent, tandis que les fours à chaux de Blaye, jour et nuit en activité, distribuent la chaux à tout venant, à raison de 25 centimes les 50 kilogrammes, alors que toutes les routes des environs de Carmaux sont couvertes de charrettes occupées à transporter la chaux, à 20 et 25 kilomètres à la ronde, une réaction fâcheuse se produit parmi les premiers admirateurs de ce précieux amendement; l'enthousiasme, chez quelques-uns, a été suivi d'un profond découragement. Le chaulage, appliqué sans examen, a amené des résultats désastreux; on s'en est servi comme d'un moyen de multiplier les récoltes de grains, sans donner au sol les engrais et les fourrages qu'il réclamait; on a accumulé sur ces terres, nouvellement rendues à la vie, les assolements les plus épuisants : blé et maïs, blé et haricots; par suite, les récoltes ont successivement diminué, et le sol, épuisé, se trouve aujourd'hui menacé de stérilité. Dans cette extrémité fâcheuse, que font les cultivateurs ? Ils sont occupés, sans doute, à rechercher les causes de cet insuccès ; ils se demandent s'ils n'ont pas abusé d'une chose bonne en elle-même, mais qu'il fallait employer avec prudence et discernement..... Hélas ! non ; on trouve plus simple de rejeter tous les torts sur la pratique du chaulage et de répéter cet absurde dicton : la chaux enrichit les pères et ruine les enfants.

Ce que nous avons dit en parlant de la marne, s'applique avec encore plus de raison au chaulage. Non-seulement, il ne tient pas lieu d'engrais et ne dispense pas du fumier, mais il l'appelle et le rend d'autant plus nécessaire, qu'on emploie la chaux en plus grande quantité sur un sol fatigué ou de médiocre nature. S'affranchir de cette règle et regarder le chaulage comme un moyen d'obtenir économiquement des récoltes de grains, au lieu de s'en faire un utile auxiliaire pour la culture des plantes fourragères, c'est compromettre tous ses bons effets et se préparer de tristes mécomptes, qu'on ne répare ensuite qu'à grands frais.

Presque toute la chaux employée dans le département à l'amendement des terres provient de Blaye près de Carmaux; elle n'est livrée au commerce qu'après avoir subi l'action du feu dans les fours nombreux établis sur ce point.

On choisit ordinairement l'année de jachère pour chauler; on donne un premier labour de 16 à 18 centimètres avec la mousse; la chaux est déposée par petits tas sur le sol. Quand elle est suffisamment délitée, on la répand à la pelle sur toute la surface du champ, et on l'enfouit le plus tôt possible par un labour de 10 à 13 centimètres, donné avec l'araire.

La chaux, prise à Blaye, coûte 50 centimes les 100 kilogrammes; il faut ajouter une somme égale pour les frais de transport et

d'épandement dans les cantons de Pampelonne , Valderiès et Monestiés ; c'est donc
une dépense de 100 à 120 francs lorsqu'on
chaule dans la proportion de 1000 à 1200
kilogrammes par hectare. Dans un rayon un
peu plus éloigné de Blaye, les dépenses du
chaulage peuvent monter à 160 francs : 160
francs pour transformer presque instantané-
ment un hectare de friche ou de bruyère en
une terre arable que les cultures fourragères
doivent, en peu d'années, rendre apte à produire toute espèce de récoltes !.... il se rencontre pourtant des propriétaires qui trouvent
cette dépense bien lourde !

Quoi qu'il en soit, le chaulage nous semble
appelé à régénérer une grande partie des terrains montagneux du Tarn ; il ne demande
qu'à être connu et apprécié à sa valeur pour
rallier à sa cause tous les cultivateurs intelli-
gents de ces contrées. Si l'on n'a point encore
mis à profit, dans les cantons de Brassac et
de Lacaune, l'excellente pierre à chaux que,

sur différents points, le sol recèle non loin
de sa surface, un jour viendra où les yeux
s'ouvriront à la lumière et où l'on tirera parti
de cette richesse géologique destinée pro-
videntiellement à modifier la composition
de la couche arable. Il faut en dire autant
des vallées de Saint-Amans et de Mazamet;
elles sont trop rapprochées du *causse* des environs de Castres pour ne pas utiliser ce précieux moyen d'amender leurs terres légères.
L'exemple donné aux portes de la Bruguière
appelle des imitateurs; que ceux-ci emploient
le chaulage avec discrétion; qu'ils en fassent
leur point de départ pour étendre les cultures fourragères; qu'ils aient soin surtout de
rendre au sol les engrais dont il a besoin pour
réparer ses forces, et, loin d'accepter le pro-
verbe erroné du pays, ils pourront dire avec
plus de raison : le chaulage bien pratiqué
enrichit les pères et fait encore la fortune des
enfants.

Tantôt on prend une récolte de pommes

de terre suivie d'un blé ou d'une avoine; tantôt plusieurs blés de suite sans fumure sur le chaulage. Il est rare qu'on profite de cette opération pour amener la culture des plantes fourragères; celles-ci n'arrivent, la plupart du temps, que lorsque le sol, épuisé par des récoltes successives de grains et infesté de mauvaises herbes, n'en peut mais, et l'on s'étonne ensuite de ce qu'elles ne donnent pas de bons résultats!

La force du chaulage est extrêmement variable; chacun, à cet égard, prend conseil de sa propre expérience, de l'usage du pays et des besoins de sa terre. De bons praticiens mettent de 1200 à 1400 kilogrammes de chaux par hectare; M. Teyssier, de Cadapeau, qui conduit avec une grande distinction de vastes défrichements dans le canton de Valderiès, ne met que 1000 kilogrammes de chaux par hectare.

ÉCOBUAGE.

Sæpe etiam steriles incendere profuit agros,

disait Virgile, traduisant en beaux vers les procédés agricoles qu'il avait sans doute sous les yeux. Ce qui se pratiquait du temps d'Auguste pour l'écobuage se reproduit aujourd'hui, avec des circonstances analogues, dans la partie montagneuse du Tarn. Le brûlis périodique des terres est en vigueur dans les cantons de Pampelonne, Alban, Vabre, Anglès, Lacaune, Saint-Amans et dans toute la montagne Noire; malheureusement, on l'applique sans discernement et précisément là où il ne devrait jamais avoir lieu. Au lieu d'y recourir pour améliorer les terres froides et tenaces, et de s'en servir comme d'un moyen d'enherber le sol, on ne l'emploie qu'en vue de la production du grain. Le chaume de la dernière céréale enlevé, on laisse aux genêts et à l'herbe le soin de réparer le mal causé par une aveugle cupidité : l'homme n'intervient, dans ce travail de la nature, que pour en abuser de nouveau.

Suivant les localités, l'écobuage se pratique de différentes manières. En général, on attend, pour écobuer, que les genêts aient cinq ou six ans de pousse, on les enlève avec une houe à main ; on en forme, dans le champ même, de petits tas ou gerbiers que l'on charge de terre de peur que le vent ne les enlève. Cette opération s'effectue, à temps perdu, depuis le mois de janvier jusqu'à la fin d'avril ; les genêts sont ensuite étendus en juin ou en août. On écroûte avec une charrue à deux versoirs, en prenant des tranches de 2 à 5 centimètres d'épaisseur ; on les divise, puis on les dresse sur le sol en en formant de petits fourneaux coniques de 1 mètre carré à la base, sur 50 à 60 centimètres de hauteur. Au centre de chaque fourneau, on introduit un fagot de genêts ; on y met le feu en juin ou en août ; on en ferme l'entrée avec une tranche de gazon, afin que la combustion se produise lentement. Les tas entièrement consumés, on laisse la *cendrée* dans l'état où l'a mise la combustion jusqu'au moment des semailles. Pendant cet intervalle de temps, on ne laboure pas, afin que l'herbe ait le temps de pousser et s'ajoute à la cendrée. Celle-ci, le jour des semailles arrivé, est répandue à la surface du champ ; on jette la semence et l'on enterre le tout par un coup d'araire.

C'est toujours une récolte de seigle qu'on prend immédiatement après l'écobuage. Quand on ne fume qu'avec la cendrée, on recueille ordinairement huit fois la semence ; lorsqu'à la cendrée s'ajoute la fumure du genêt, il n'est pas rare d'obtenir jusqu'à douze et quinze fois la semence.

Dans la montagne d'Alban, on déchaume avec l'araire brisée, et le jour même où l'on exécute cette opération, on la complète en retournant les gazons avec une *marre,* espèce de pioche dont le fer, très-incliné en avant, mesure 40 centimètres de longueur sur 8 de largeur. Un bon ouvrier retourne environ 6 ares de gazon dans sa journée. Quelques propriétaires du canton d'Alban plantent le genêt derrière la charrue, en même temps qu'ils sèment l'avoine ; les plants sont en lignes, à la distance de 1 mètre en tous sens ; par cette méthode, les genêts sont bons à arracher à la fin de la troisième année.

L'écobuage s'effectue à la bêche dans le canton d'Anglès ; on écroûte aussi superficiellement que possible. Quand on a du fumier à sa disposition, on le distribue à la surface du sol un peu avant d'épandre la cendrée ; on jette la semence du seigle sur cette terre ainsi engraissée, mais non labourée, et l'on enfouit le tout par un coup d'araire. Les terres soumises à l'écobuage dans ce canton sont généralement de la plus mauvaise espèce ; il leur faut cinq ou six ans de repos pour fournir une couche très-mince de gazon. Le terrain n'est écroûté avec la bêche qu'autant qu'il se trouve

suffisamment lié ; lorsqu'il n'a pas la consistance nécessaire, on se sert de la charrue ;
dans le premier cas, le sol donne ordinairement 6 pour 1 de semence ; dans le second
cas, il est rare qu'on obtienne plus de quatre
fois la semence : misérable produit qui ne
couvre certainement pas les frais de main-
d'œuvre. Son exiguïté aurait fait, depuis longtemps, abandonner la pratique de l'écobuage
dans cette localité, si le travail de l'écroûte-
ment et de l'incinération n'était exécuté par
de pauvres colons auxquels il fournit une
ressource précieuse contre d'impérieux besoins.

Près de Saint-Amans, on écobue quelquefois les vieux prés rongés par la mousse et envahis par les joncs. Le gazon écobué, on prend
consécutivement deux seigles, on laisse ensuite le sol en jachère pendant un an, on le
fume, puis on l'ensemence de nouveau en
seigle. La nature est chargée de remettre le
terrain en pré ; aussi contient-il beaucoup

d'herbes mauvaises ou, pour le moins, inutiles.

Dans le canton de Vabre, indépendamment
des terres à genêts livrées à l'écobuage, on y
soumet encore, de loin en loin, des terrains
granitiques qui ne produisent spontanément
que de maigres bruyères. Tant que les bruyères recèlent un peu d'herbe pour la dépaissance des bêtes à laine, on les respecte; mais,
lorsqu'elles sont usées par la dent du bétail
et trop vieilles pour fournir le plus maigre
pacage à des troupeaux accoutumés, par de
longs jeûnes, à une grande sobriété, leur
arrêt est prononcé; on les abandonne à de
pauvres gens qui font tous les frais de l'é-
cobuage moyennant l'unique récolte de seigle
qu'on en retire. La paille appartient au propriétaire. Ces terrains, situés sur des hauteurs, sont écobués tous les douze ou quinze
ans. On a remarqué qu'après l'incinération
ils se soulevaient aux moindres alternatives
de gels et de dégels, se desséchaient à la

plus petite sécheresse, et présentaient ainsi les plus grands obstacles au regazonnement. Des sols aussi pauvres repoussent toute culture autre que celle des essences forestières. Les semis remarquables effectués par MM. Dugrès et David-Julien Loup, sont, à la fois, la meilleure critique de l'écobuage dans la région granitique du Sidobre, et l'exemple le plus encourageant à présenter aux propriétaires placés dans des situations analogues.

ASSOLEMENTS.

Deux assolements principaux se partagent les contrées basses du département. Dans les bonnes terres argilo-calcaires de l'arrondissement de Castres et de quelques autres localités, on trouve l'assolement triennal : blé, maïs et jachère ; dans les terres d'alluvion, dites *bâtardes*, l'assolement biennal, blé et maïs ; dans les sols de qualité inférieure, la terre ne produit que de deux années l'une : on a alternativement céréale et jachère.

Il n'y a pas longtemps encore, l'assolement blé et maïs était seul en vigueur dans les fonds de bonne qualité ; mais, d'une part, l'introduction du trèfle dans la rotation ; de l'autre, le rendement inférieur du blé après maïs, ont, peu à peu, déterminé les cultivateurs à modifier l'antique assolement biennal commun à toute la région du sud-ouest, et à y intercaler une troisième sole destinée à la jachère. Cette année de repos, après une récolte sarclée, mérite examen. Généralement, on la vante comme un progrès dans les cours du pays ; mais, en étudiant attentivement les faits, ne serait-on pas tenté de la regarder comme un non-sens, comme l'indice d'une culture entravée dans sa marche et réduite à l'incertitude des tâtonnements ? Suivons ce cours dans son application ; la critique ressortira naturellement des détails. Supposons une métairie ordinaire de l'arrondissement de Castres ; 3o hectares sont mis en culture. La rotation s'ouvre par le blé, on

consacre dix hectares à cette récolte ; elle reçoit directement le fumier. Au printemps,
2 hectares de la sole de froment sont ensemencés en trèfle ou en sainfoin. Le blé se
faucille vers la fin de juin ; malgré les sarcleuses, il est ordinairement infesté de folle
avoine et d'autres mauvaises herbes. Le champ
reste sans culture jusqu'en janvier ; à cette
époque, on le prépare pour la récolte du maïs ;
8 hectares sont affectés à ce grain. Du 15 avril
au 15 mai, il est mis en terre sur labour
frais ; pendant sa végétation, il reçoit un binage à la main, puis un butage ; la ceuillette
des épis a lieu dans la première quinzaine
d'octobre. Jusqu'au mois de mars suivant, la
terre qui a porté du maïs reste en friche et
sert de dépaissance aux bestiaux de la métairie. Sur les 10 hectares de la sole de jachère,
deux sont occupés par le trèfle à sa seconde
année et le plus souvent rempli de folle
avoine ; un hectare est cultivé en pommes
de terre, haricots, vesces et fèves ; ces der-

nières, mal sarclées, se convertissent en pépinière de mauvaises herbes ; restent donc
7 hectares traités en jachère, c'est-à-dire recevant, du mois d'avril au mois d'octobre, plusieurs labours à la mousse et deux ou trois
façons à l'araire. Les semences de folle avoine,
d'ivraie vivace, de chardons, de nielle, etc.
apportées en partie par le fumier, en partie
par l'atmosphère, sont-elles détruites par ces
cultures ? Nullement. Il ne faut pas s'en éton-
ner. Les récoltes sarclées, travaillées avec
négligence et avec des instruments imparfaits,
laissent à peu près intactes les mauvaises
herbes venues à la suite du blé. Leur insuffisance est si bien sentie, qu'on appelle la jachère à leur secours ; s'il en était autrement,
celle-ci s'expliquerait-elle après des cultures
qui ont pour but essentiel l'ameublissement
et la propreté du sol ? La jachère est donc le
remède *in extremis;* mais comment la traite-
t-on ? Voilà la question à débattre. On sait déjà
que la pratique si utile du déchaumage est

inconnue dans le département. Le premier labour, étant le plus profond, les semences des mauvaises herbes répandues à la surface du sol se trouvent enfouies par la charrue à une profondeur de 16 à 21 centimètres; elles ne peuvent pas germer. Les cultures suivantes les laissent dans des conditions à peu près semblables, jusqu'à ce que le labour profond, qui précède la semaille, les rapproche de la surface du sol; mêlées alors avec la couche arable par le coup d'araire au moyen duquel on enfouit la semence du blé, elles se développent en même temps que la récolte, bravent le fer des sarcleuses, et, pour la plupart, émettent leurs graines avant la moisson du froment. Les mêmes inconvénients se produisent dans la sole de trèfle et parmi les fèves; les mauvaises herbes qu'elles recèlent pendant leur croissance viennent à grainer; elles tombent sur le sol, s'y multiplent après le défriché de la récolte fourragère et l'enlèvement des fèves : ainsi

les champs demeurent infestés, malgré les
récoltes sarclées, malgré la jachère. Pourquoi? Parce qu'un vice radical domine le
travail des terres. Que l'extirpateur, le scarificateur soient mis en mouvement aussitôt
après la récolte enlevée ; qu'ils suivent les
talons des moissonneurs ; que la houe à cheval et le butoir remplacent les instruments
défectueux employés dans la culture du maïs ;
que cette récolte reçoive les engrais, au lieu
et place du froment, et les terres seront tenues en bon état de propreté, et le retour
périodique de la jachère ne sera plus nécessaire. Mais ici une objection se présente. Le
blé, dit-on, vient mal après le maïs, et c'est
en partie, pour assurer la réussite du froment, qu'on fait le sacrifice d'une année de
produits. Sans nier l'inconvénient réel d'attendre l'enlèvement du maïs pour procéder
aux semailles d'automne, nous croyons qu'on
peut résoudre le problème en évitant une
charge aussi lourde que celle de la jachère

après une récolte sarclée. Ce qui manque au cultivateur dans sa rotation, c'est une plante fourragère annuelle qui puisse recevoir sans inconvénient le fumier, qui étouffe les mauvaises herbes par sa végétation vigoureuse, et rende au blé la terre en bon état de fertilité et de propreté ; la vesce noire (*vicia sativa*), est la plante précieuse douée de tous ces avantages ; on la cultive dans le Tarn ; nulle difficulté donc pour lui trouver une place dans les rotations. S'il nous était donné d'émettre ici notre opinion, nous n'hésiterions pas à recommander l'assolement suivant dont on trouve des traces chez plusieurs cultivateurs éclairés du pays. La rotation est de six ans, savoir :

1° Vesces ou pois[1], fortement fumés ;

---

[1] Les pois ou *bisaille* (*pisum arvense*) ne sont pas cultivés dans le Tarn. Cette excellente plante fourragère mériterait de prendre place dans les assolements de ce pays ; elle remplacerait très-bien les vesces, si celles-ci venaient à manquer. Leur culture est en tout point semblable ; les

2° Blé ;

3° et 4° trèfle ;

5° Maïs ;

6° Blé.

Si l'on ne voulait conserver le trèfle que pendant une année, il faudrait modifier cet assolement de la manière suivante :

1° Vesces ou pois fumés ;

2° Blé ;

3° Trèfle ;

4° Avoine ;

5° Fèves ou maïs sur pelleversage et avec une légère fumure ;

6° Blé.

On aurait une sole de luzerne ou d'esparcet en dehors de la rotation.

Dans le premier cours, les vesces ou les

pois seulement s'arrangent plus volontiers d'un terrain qui contient du calcaire. On les sème, comme la vesce, dans la proportion de 2 hectolitres environ par hectare : on les fauche en fleurs ou en grains ; le bétail est très-avide de ce fourrage.

pois, fumés et fauchés en fleurs à la fin de mai, permettent de traiter le sol en demi-jachère pour le blé qui suit. Cette récolte trouve les conditions les plus favorables à sa réussite : propreté et ameublissement du sol, engrais suffisamment décomposé; la semaille s'en fait en temps opportun. Le trèfle ne saurait être mieux placé que dans un blé venant à la suite d'une récolte fourragère fumée; pour éloigner son retour, on n'aurait qu'à le remplacer au second tour de la rotation par l'esparcette, ainsi que cela se pratique souvent dans le pays. Le défriché de trèfle présente une grande économie pour les sarclages du maïs; cette récolte réussit merveilleusement sur chaume de trèfle; elle présente, il est vrai, l'inconvénient de retarder la semaille du blé, mais, en adoptant le *râclage* usité avec succès à Rabastens, dans l'assolement biennal blé et maïs, c'est-à-dire en renversant les buttes au moment où l'on écrête, en exposant ainsi les racines du maïs à l'influence du soleil, en retroussant les tuniques quinze jours avant de récolter les épis, on hâte leur maturité. La cueillette a lieu vers la fin de septembre; dès lors, les semailles d'automne peuvent s'effectuer dans les premiers jours de la seconde quinzaine d'octobre, puisqu'il suffit d'un labour léger pour niveler la terre et d'un coup de herse pour enfouir la semence du blé. L'enlèvement de cette dernière récolte à la fin de juin laisse un intervalle de temps suffisant pour déchaumer, préparer le sol par de bons labours et le fumer avant la mi-septembre ; vers la fin de ce mois ou dans la première semaine d'octobre, au plus tard, on sèmerait la vesce. Cette plante serait donc en terre de bonne heure, condition indispensable pour sa réussite, et d'autant plus rigoureuse ici, que la vesce commande toute la rotation.

Cet assolement convient surtout aux terres grasses d'alluvion et aux sols argilo-calcaires du département; il s'adapte parfaitement aux exigences d'une culture améliorante. En effet, sur six récoltes, trois sont consacrées aux fourrages, et ont les meilleures chances de réussite. La sole de maïs, qu'on peut à volonté conserver entière ou restreindre pour y introduire des cultures de pommes de terre, de topinambours, de haricots, de fèves, satisfait aux exigences des ouvriers agricoles, qui ne veulent pas engager leur travail sans avoir une certaine étendue de terrain à cultiver en maïs. Dans ce cas, la nourriture du bétail se trouve augmentée d'un supplément de fourrage vert fourni par l'étêtement du maïs, et les récoltes racines sont là pour améliorer le régime alimentaire en hiver. Quant aux propriétaires qui voudraient renoncer au maïs, l'avoine, sur défriché de trèfle, leur promet de riches produits et pourrait être facilement suivie d'un blé; enfin, dans ce cours, trois récoltes de grains destinées *à faire de l'argent*, viennent rassurer les propriétaires les plus timorés sur leurs revenus annuels. Ainsi que dans l'assolement triennal blé, maïs et jachère, la sole de blé du nouveau cours ne compte que 10 hectares ; mais combien l'emporte-t-elle sur l'autre par les conditions excellentes où elle se trouve placée. Au lieu de 10 hectares en trèfle, on en a 15 en vesces et trèfle, qui, permettant d'augmenter le bétail, et surtout de le mieux nourrir, procurent plus d'engrais, et, partant, doivent rendre les récoltes plus belles, plus abondantes et moins casuelles ; la sole de maïs seule perd 5 hectares ; mais, en compensation, on n'a presque pas de frais de main-d'œuvre sur le défriché du trèfle, et le produit du maïs est singulièrement accru dans cette rotation. Tout compte fait, elle nous semble donner un bénéfice net bien plus élevé que l'assolement blé, maïs, jachère ; elle se plie facilement aux fluctuations commerciales, puisque son point de départ est l'assolement biennal, si élastique, comme chacun sait ; elle diminue les menues cultures et, chose essentielle, elle fait une large part à l'amélioration foncière, car les trois soles de fourrage peuvent encore, au besoin, être renforcées d'une pièce de luzerne ou de sainfoin, en dehors de l'assolement.

Les partisans de l'assolement biennal qui tiennent absolument à faire revenir le blé tous les deux ans, pourraient aussi adopter la rotation précédente, en lui faisant subir une légère modification; ils auraient alors :

1° Vesces, ou pois fumés;

2° Blé;

3° Trèfle;

4° Blé;

5° Maïs ou fèves sur pelleversage et avec demi-fumure;

6° Blé.

Il va sans dire que cet assolement exige une terre éminemment propre au froment; on ne le risquerait pas impunément dans les terres lises, ni dans les boulbènes légères; il devrait, en outre, s'appuyer sur une sole de luzerne placée en dehors du cours.

La partie montagneuse du département présente des cours analogues à ceux des contrées bases, et d'autres rotations qui lui sont particulières.

Ainsi, à côté de l'assolement biennal, blé et maïs, qu'on retrouve sur certains points des vallons les plus fertiles, par exemple dans le canton de Brassac, à Viane, à Berlats, à Espérausse, etc. on voit aussi fréquemment les pommes de terre succéder au seigle. Sur les terres de qualité inférieure, le sol ne produit plus que de deux années l'une; le seigle alterne avec la jachère; enfin, sur les terres arables de la dernière classe, désignées sous le nom de terres à genêts, un repos de plusieurs années est nécessaire pour que le sol donne quelques produits.

On y rencontre les cours suivants :

1°, 2°, 3°, 4°, 5° Genêts;

6° Seigle sur écobuage;

7° Pommes de terre fumées;

8° Seigle;

9° Avoine.

Quand le genêt, au lieu de croître spontanément, est planté, on l'écobue dès la quatrième année; le cours, dès lors, n'est plus que de huit ans.

Dans quelques localités du canton de Brassac, on trouve :

1°, 2°, 3°, 4° Genêts;

5° Seigle;

6° Seigle fumé;

7° Avoine ou pommes de terre.

A Vabre, cet assolement subit une légère modification; on a, pendant trois ou cinq ans, genêts;

8° Seigle;

9° Jachère;

10° Seigle;

11° Jachère;

12° Seigle;

13° Avoine, puis le sol se repose pendant quatre ou cinq ans.

A Lacaune, les genêts occupent le sol, et sont livrés à la dépaissance des troupeaux pendant trois années consécutives; après ce temps, on écobue; on donne une demi-fumure, et l'on sème, la quatrième année, du seigle; la cinquième année, on a une jachère qui n'est ouverte qu'en juin; à la sixième année, seigle fumé; et à la septième, enfin, avoine.

Ces assolements, à notre avis, pèchent tous par le même vice radical; le succès du cours repose sur les trois ou quatre années de friche, et cependant on ne fait rien pour faciliter le gazonnement du terrain, on l'abandonne entièrement à la nature. Qui doute qu'il n'y eût plus d'avantages à faire quelques avances au sol pour s'assurer un pâturage abondant? On sait que les céréales réussissent d'autant mieux que le sol est resté plus longtemps en friche; d'un autre côté, celui-ci se regazonne

d'autant plus mal, qu'on le charge pendant
un plus grand nombre d'années de récoltes
épuisantes. Ces principes admis, il nous
semble facile d'améliorer les systèmes de culture suivis dans la montagne; le problème consiste dans la découverte d'une plante fourragère qui s'empare aisément du sol, et fournisse
une bonne dépaissance aux bestiaux. Cette
plante précieuse, la Providence l'a répandue
à profusion sous nos pas : c'est le trèfle blanc
(*trifolium repens*). Semée dans une terre sili-
ceuse, en bon état d'engrais, elle fournit l'un
des meilleurs pâturages connus pour les bêtes
à cornes et les bêtes à laine. 10 à 12 kilogrammes de semence suffisent par hectare;
si le terrain est d'assez bonne qualité, on
peut la semer mélangée avec le trèfle rouge
(*trifolium pratense*); celui-ci dominera la première année, et fournira même une coupe
bonne à faucher; mais, les années suivantes,
le trèfle blanc prendra le dessus et couvrira
complétement le sol. A la fin de la troisième

année, il pourra être retourné, et laissera le terrain enrichi de ses débris et des engrais que le bétail y aura déposés en pâturant. Le cours suivant aurait, d'après nous, de grandes chances de succès dans la partie montagneuse du département, notamment dans les cantons de Pampelonne, Valderiès, Villefranche, Alban, Brassac, Anglès, Lacaune et Murat :

1° Jachère;

2° Avoine;

3° Seigle;

4° Pommes de terre fumées;

5° Avoine ou seigle;

6° Trèfle blanc avec trèfle rouge pour pâture;

7° Pâturage;

8° Pâturage.

Près de Lacaune, de petits cultivateurs suivent avec succès un cours de quatre ans; ils ont :

1° Pommes de terre fumées;

2° Seigle;

3° Trèfle;

4° Avoine.

La pièce de luzerne ou le pré se trouve en dehors de la rotation. Assolement remarquable et qui n'a d'autre défaut que le retour trop fréquent du trèfle dans une terre où la vesce réussit médiocrement : sauf cette imperfection, on pourrait l'offrir comme modèle à plus d'une métairie placée dans de meilleures conditions de sol et de climat.

SECONDE PARTIE.

CULTURE DES PLANTES.

Les plantes dont s'occupe l'agriculture dans le département du Tarn sont : le froment, le seigle, le méteil, l'avoine, l'orge, le maïs, le sarrasin, la pomme de terre, les pois, les lentilles, les fèves, les haricots, le pastel, l'anis, le lin, le chanvre, le colza, la navette, l'ers, les gesses, les choux, le trèfle, le farrouch, la luzerne, l'esparcet ou sainfoin, la vesce; on y cultive, en outre, la vigne et les prairies.

CÉRÉALES.

FROMENT.

A l'exception de la partie montagneuse du département, où le seigle occupe le premier rang parmi les céréales, le froment constitue le principal produit de la culture dans le Tarn.

Les variétés qu'on y rencontre peuvent être rapportées à deux types, les *blés gros* et les *blés fins*. A la première catégorie appartient le froment, désigné dans l'arrondissement de Castres sous le nom de *blé castrais;* la seconde comprend le *blé de Roussillon* et la *bladette avec barbes* ou *sans barbes*. Dans un grand nombre de localités, on cultive encore d'autres blés fins désignés spécialement d'après la présence ou l'absence des barbes. Les blés fins barbus prennent le nom de *blés durs,* les blés fins sans barbes retiennent exclusivement la dénomination de *blés fins;* par opposition à ces deux sous-variétés, les bladettes représentent les blés tendres.

Les blés gros ne se cultivent guère que dans les bas-fonds, le long des cours d'eau et dans les localités sujettes aux brouillards; leur grain est plus léger que celui des blés fins; il pèse de 70 à 75 kilogrammes l'hectolitre, et rend beaucoup de son. La paille est plus forte et plus abondante que celle des autres variétés ; elle se couche moins et résiste mieux à la rouille ; on ne l'emploie que comme litière.

La variété de froment dite de Roussillon est étrangère au département. Introduite depuis plusieurs années dans l'arrondissement de Castres et dans quelques autres localités, elle s'est montrée constamment plus précoce de quelques jours que les bladettes, avantage important dans un pays ravagé par le vent d'autan ; aussi sa culture a-t-elle pris une extension rapide, et tend-elle à se substituer aux variétés indigènes, ou du moins à occuper le sol conjointement avec elles. On remarque cependant que le blé de Roussillon perd, vers la quatrième ou la cinquième année, la propriété de mûrir plus tôt que les blés indigènes, ce qui oblige à renouveler souvent la semence, en la tirant du pays même dont elle est originaire. Beaucoup de cultivateurs sèment les deux variétés par égale moitié; d'autres les mélangent dans la proportion d'un tiers bladette et deux tiers roussillon. Le roussillon rend un peu moins que la bladette, mais son grain est plus lourd, l'hectolitre pèse de 78 à 82 kilogrammes; il convient particulièrement aux coteaux calcaires situés dans le triangle formé par les villes de Cordes, Gaillac et Albi. Certains propriétaires préfèrent la paille du roussillon à celle des autres grains; d'autres trouvent qu'elle se soutient moins ferme sur les défrichés que la paille de la bladette.

La bladette passe généralement pour donner le plus fort rendement en grains; toutefois, on l'accuse d'avoir dégénéré : c'est pourquoi, dans les métairies bien tenues, on commence à la remplacer totalement ou en partie par le blé de Roussillon.

La bladette avec barbes résiste mieux au vent d'autan que la bladette sans barbes. Celle-ci, dans l'opinion de plusieurs praticiens, serait plus hâtive, elle s'accommoderait aussi d'une terre plus légère, traitée pourtant avec soin.

La bladette se sème avantageusement en mélange avec des blés durs. On sème aussi fréquemment, en proportion égale, la bladette avec barbes mêlée à la bladette sans barbes : ces dernières variétés sont les plus répandues dans le département.

Le poids de l'hectolitre de bladette varie suivant les lieux de provenance.

Bon an mal an, l'hectolitre pèse :

A Lavaur. . . . . 76 à 77 [kilogr.]
A Lugan . . . . 75 à 76
A Graulhet, Briatext.   80
A Ambres.   76
A Rabastens. . . . . 75 à 78
A Salvagnac. . . . . 77 à 80
Dans la plaine de Gaillac.   76
A Castelnau.   70
A Andillac, Villeneuve.   78
A Albi.   80
A la Fenasse.   72
A Castres.   76
A Dourgne. . . . . 75 à 78

Les poids extrêmes accusant 70 et 80 kilogrammes, il en résulte que le poids moyen de l'hectolitre de bladette s'élève à 75 kilogrammes dans le département du Tarn.

Les blés durs, d'après l'expérience de cultivateurs éclairés, ont la paille moins forte que la bladette ; mais ils résistent davantage au vent d'autan. Le grain donne peu de fleur pour la minoterie ; en revanche, il gonfle beaucoup au pétrin, qualité très-recherchée par la boulangerie. On le cultive de préférence sur les coteaux argileux ; l'hectolitre pèse 78 kilogrammes.

Le sol réputé le meilleur, dans le Tarn, pour la production du froment, est la terre franche (sol argilo-silico-calcaire), profonde, qui se laisse ameublir par les gelées, ne garde pas l'eau à sa surface, et conserve assez de fraîcheur en été pour résister à la sécheresse. Le sol calcaire argileux qui se rencontre notamment dans le pays compris entre Gaillac, Cordes et Albi, fournit le blé le plus lourd, le plus net et le plus recherché sur le marché ; mais il le produit en petite quantité, relativement aux excellentes terres franches de l'arrondissement de Castres : celles-ci occupent le premier rang comme terres à froment. La riche plaine de Gaillac se range immédiatement près d'elles. La troisième place appartient aux coteaux argilo-calcaires des arrondissements de Gaillac et de Lavaur ; viennent ensuite les terres siliço-argileuses de la rive gauche du Tarn, et des bassins compris entre Lavaur et Saint-Paul. La dernière série embrasse les sols siliceux (terres lises); affectés originairement à la culture du seigle, ils ne sont aptes à produire du froment qu'après avoir passé par le chaulage ou le marnage et la culture des prairies artificielles.

Dans les terres qui lui conviennent le mieux, le froment succède au maïs ; on le sème aussi fréquemment sur la jachère, sur un trèfle d'un ou deux ans, après les fèves,

le sainfoin, les vesces, le chanvre, les haricots, les pommes de terre, et, dans certains
cantons qui se livrent aux cultures commerciales, après l'anis et le pastel.

Tous les cultivateurs du département s'accordent à regarder le maïs comme un mauvais précédent du blé, toutes les fois qu'on
n'a pas affaire à un fonds de première qualité;
et même, dans cette circonstance privilégiée,
la récolte en blé laisse encore à désirer sous
le rapport de l'abondance et de la qualité.
Dans un sol moins favorisé, cette rotation
est tout à fait blâmée : il faut s'attendre à
une diminution d'un cinquième, parfois d'un
quart, comparativement au blé semé sur jachère ou sur une récolte fourragère.

Ce déficit reconnaît surtout pour cause
l'enlèvement tardif de la récolte du maïs. On
sait que cette plante ne vide ordinairement
le terrain que dans la première quinzaine
d'octobre; dès lors, le sol ne peut recevoir les
façons que réclame le froment; celui-ci subit

nécessairement l'alternative d'être semé in-
tempestivement, ou trop tard, ou dans une
terre mal préparée; dans tous les cas, les deux
labours, qu'on regarde comme indispensables
pour l'emblavement, étant donnés coup sur
coup, ne permettent pas à la terre de se re-
prendre et privent ainsi le blé d'une des conditions les plus indispensables à sa réussite.
Il va sans dire qu'une partie de ce dernier
inconvénient disparaîtrait si l'on faisait usage
de l'extirpateur pour déchaumer et enterrer
la semence. Quelques-uns expliquent encore
le rendement moindre du blé sur maïs, par
l'ameublissement extrême où se trouve le blé
après la récolte sarclée. Cette raison, néanmoins, ne saurait être absolue; elle ne nous
semble plausible qu'autant que le maïs aurait
été cultivé dans une terre légère. En tenant
compte des faits, on est obligé de convenir
qu'on commet souvent cette faute dans le
Tarn; il se pourrait dès lors que la terre se
trouvât trop creuse pour le froment, dont le

grain demande à naître dans une couche meuble reposant sur un sol lié.

Chez M. Lanoux, le froment succède impunément au maïs, mais ce dernier est espacé en lignes de 2 mètres 20 cent. d'écartement; le terrain est labouré dans le cours de l'été et traité exactement comme une jachère nue; le maïs se récolte dans les premiers jours d'octobre. L'inconvénient d'une récolte tardive ne se fait plus sentir, et les semailles du froment s'effectuent dans les meilleures circonstances.

Le blé sur jachère rend plus en paille et en grain qu'après toute espèce de récolte. Ce fait se produit sur tous les points du département; toutefois, n'est-il pas permis de croire qu'on en abuse lorsqu'on voit les cultivateurs du Tarn soumettre indistinctement, à une jachère périodique, les terres légères aussi bien que les terres fortes, et les sols enherbés de même que ceux qui viennent de recevoir des plantes sarclées?

Le trèfle, aux yeux d'une foule de cultivateurs, passe pour un médiocre précédent du
blé; d'autres, au contraire, l'estiment presque
à l'égal de la jachère. Cette contradiction ap-
parente reçoit sa solution par les procédés
suivis dans l'un et l'autre camp. Les détrac-
teurs du trèfle laissent ce fourrage pendant
deux ans sur pied; ils se plaignent de ce que
le blé qui lui succède est toujours infesté
de mauvaises herbes, surtout de folle avoine.
Ce reproche aurait quelque fondement si
les semailles de trèfle trouvaient une terre
propre; mais il n'en va pas ainsi. La prairie artificielle est presque toujours placée
dans une céréale infestée elle-même de folle
avoine. La mauvaise semence lève, mûrit et
tombe sur le sol avant la moisson du froment;
une partie des graines lève à l'automne au
milieu du jeune trèfle, elle se maintient en
hiver contre la gelée, prend un rapide essor
au printemps, domine le trèfle et développe
ses panicules avant la première coupe. Jus-

qu'ici le mal n'est pas considérable, la folle
avoine, fauchée avant sa maturité complète,
s'ajoute au fourrage artificiel; à la seconde
coupe, les dangers sont plus grands. Si l'année
n'est pas très-favorable à la végétation du
trèfle, s'il survient des sécheresses qui rendent le fourrage court et peu serré, on peut
être certain de voir le trèfle complétement
envahi; les anciens pieds de folle avoine repoussent, les premières pluies de l'automne
font lever les grains tardifs de cette plante;
ils s'élèvent de bonne heure au printemps
suivant; beaucoup répandent leur semence
avant que le fourrage soit récolté. Celui-ci
renferme un grand nombre de graines de folle
avoine qui n'ont pas levé; le labour de défrichement et les façons suivantes, qui ne se
donnent qu'avec la charrue, les placent dans
une terre plus fraîche et plus meuble. Viennent alors les semailles du froment qui remplace le trèfle; la folle avoine dispute le terrain à la récolte, elle s'y développe et y mûrit

en pleine sécurité à l'abri d'un sarclage généralement mal exécuté. Ainsi roule ce cercle vicieux. Originairement les champs se trouvent envahis, le trèfle, et surtout le trèfle de deux ans, devenu plus clair en vieillissant, s'infeste de mauvaises herbes de toute espèce, il les transmet au froment; s'étonnerait-on que, dans des conditions aussi désavantageuses, celui-ci ne réalisât pas les espérances, disons mieux, les illusions du cultivateur?

Les procédés suivis pour le défrichement du trèfle exercent aussi une influence notable sur la céréale qui lui succède. Il arrive bien souvent qu'on renverse le chaume du trèfle avec la charrue à deux oreilles; on est alors obligé de donner deux ou trois autres façons à l'araire; le sol, après cette opération, se trouve complétement désagrégé, et le blé y prospère médiocrement. Les résultats sont bien différents quand on retourne le trèfle par un seul labour de 13 à 16 centimètres de profondeur, et qu'on ameublit la couche

superficielle par des hersages répétés; la récolte de froment, loin d'être chétive, court
risque de verser, si on ne sème un peu plus
clair que d'habitude.

Ceux qui, gardant le trèfle une seule année
ou le conservant pendant deux ans, ont soin
de le placer dans une terre propre et en bon
état d'engrais, sans permettre aux mauvaises
herbes de neutraliser l'augmentation de fertilité qu'apporte la prairie artificielle, sont loin
d'accuser le trèfle d'être une mauvaise préparation pour le froment; tout au plus lui repro-
chent-ils de tenir la céréale plus longtemps
verte et de l'exposer davantage à se coucher;
il paraît néanmoins certain que le blé après
trèfle rend plus en paille qu'en grain, et
que celui-ci est moins lourd que le blé de
jachère.

Si le blé après fèves ne donne pas de meilleurs résultats dans le Tarn, la faute en est
au cultivateur, qui n'accorde pas généralement
assez de soins à cette plante préparatoire. Sa

récolte, qui a lieu à la fin de juin, permettrait certainement de donner au sol trois labours d'été, équivalant à une demi-jachère. Fumées convenablement, placées dans un sol bien travaillé, binées et sarclées à propos, les fèves remplaceraient avantageusement la jachère dans presque toutes les localités; du moins éloigneraient-elles son retour et rendraient-elles ainsi le produit net du froment plus considérable.

Le froment qui succède à l'esparcet procure ordinairement de fort belles récoltes; l'usage, dans le département, est de conserver le sainfoin en terre pendant deux ans. Comme il n'occupe guère que les sols calcaires, c'est-à-dire des terrains généralement exempts de folle avoine, il laisse presque toujours le champ dans un état remarquable de netteté et de fertilité; le blé qu'on y sème se distingue par sa qualité.

Les vesces, coupées en vert, sont regardées comme un précédent avantageux pour le blé;

on n'en a pas aussi bonne opinion quand on les laisse venir à maturité. Dans ce dernier cas, elles passent pour épuisantes. Cette opinion, suivant nous, mériterait examen. Sans nul doute, si le fourrage a médiocrement réussi, le froment qui le remplace donnera des produits peu satisfaisants; ce résultat, ainsi que chacun sait, est la conséquence de toute récolte qui a échoué. Mais les vesces ont-elles été semées de bonne heure, ont-elles été fumées généreusement, l'année leur est-elle favorable; après le déchaumage qui, dans le Tarn, peut s'effectuer vers le 15 juillet, a-t-on eu soin de tenir le sol meuble et net de mauvaises herbes, nous pensons qu'on peut compter sur une bonne récolte de froment après des vesces même récoltées en graines, puisque le sol est en bon état de fertilité, et que la semaille de la céréale s'est effectuée dans d'excellentes conditions.

Le blé après chanvre est d'une réussite assurée, mais il est rare qu'on suive ce cours, les terres à chanvre étant presque toujours réservées exclusivement à la plante textile. Dans le Tarn, ainsi que dans le reste de la France, les meilleurs terrains sont consacrés à la culture du chanvre; on les laboure profondément; ils sont fumés abondamment avec les meilleurs engrais; les mauvaises herbes sont étouffées sous une végétation serrée et ombreuse : quelle céréale ne réussirait dans une position semblable?

Les haricots, de même que les fèves et le maïs, précèdent souvent le blé dans le département du Tarn. Généralement, on ne les regarde pas comme épuisants. Les binages soignés qu'ils reçoivent, et les deux labours qui suivent l'enlèvement de la récolte au 15 août, expliquent le succès de cette rotation.

Sur plusieurs points du département, l'opinion est favorable aux pommes de terre comme récolte préparatoire du blé; à Vaour cependant, ainsi que dans la plaine de Gaillac, on les tient pour un précédent médiocre ; l'enlèvement tardif des tubercules empêche sans doute de donner au sol les cultures nécessaires pour la semaille d'automne.

Quant au pastel et à l'anis, les cultivateurs sont unanimes à les considérer comme des récoltes très-épuisantes ; toujours elles réagissent d'une manière fâcheuse sur le froment qui leur succède.

La préparation du sol destiné à porter le froment est assez uniforme dans le département.

Quand la jachère précède le froment, le sol reçoit de quatre à six labours. A Rabastens, dans l'arrondissement de Gaillac, on donne quatre labours. Par le premier, on *ouvre* la terre ; le second trait de charrue s'appelle *biner* : ces deux cultures s'exécutent avec la charrue à versoir appelée *mousse* ; le troisième labour *traverse* les deux premières façons ; le quatrième constitue le labour de semaille. Ces deux derniers s'effectuent avec l'araire à deux oreilles.

Dans le vallon de Cordes, ainsi que dans beaucoup d'autres localités où l'espace est très-restreint et la propriété très-morcelée, les labours de jachère sont ordinairement remplacés par le pelleversage ou par le défoncement : dans le premier cas, la bêche pénètre à 27 centimètres ; dans le second, elle descend à 40 centimètres de profondeur. On émotte à bras d'homme ; l'araire passe une ou deux fois sur ce travail. Pour beaucoup de cultivateurs de l'arrondissement de Castres, la terre est d'autant mieux préparée à recevoir la récolte de froment qu'on lui a donné un plus grand nombre de labours. Ce préjugé est consacré par le dicton populaire *chaque labour fait sa semence.* En bonne culture, cependant, ne serait-il pas plus exact d'apprécier les labours par leur perfection et leur opportunité, plutôt que d'après leur nombre ?

Après les vesces, les fèves, le sol reçoit deux ou trois labours. La récolte tardive du maïs et des pommes de terre permet rarement d'en donner plus de deux, y compris le coup d'araire destiné à enfouir la semence.

L'esparcet est retourné tantôt à la bêche, tantôt à la charrue : dans le premier cas on émotte à la main; dans le second cas, on fait suivre la charrue d'un ou deux coups d'araire.

Quant au blé sur trèfle, il faut distinguer. Ceux qui ne gardent le trèfle que pendant un an, le renversent par un seul coup de charrue à versoir; ils ameublissent la couche superficielle, et enterrent la semence avec la herse ou l'araire. Lorsqu'il s'agit d'un trèfle de deux ans, on ne prend qu'une seule coupe la seconde année, et la terre reçoit, dans le courant de l'été, autant de façons qu'on peut lui en donner avant la semaille. La première méthode est plus économique et convient mieux au blé, mais c'est par exception qu'on l'emploie dans le département du Tarn; M. Pous, à Lugan, en fait usage et s'en trouve fort bien.

Les champs destinés à porter du froment sont généralement divisés en planches, dont la largeur varie depuis 0^m,90^c jusqu'à 1^m,50^c et 2 mètres. Dans l'arrondissement de Castres, sur plusieurs points de l'arrondissement de Lavaur et de celui de Gaillac, on sème sur billons très-étroits, disposition vicieuse qu'on retrouve même dans les terrains situés en pente. Ces billons, loin de servir à l'écoulement des eaux auxquelles on ne ménage point d'autre issue, les retiennent plus longtemps sur les terres et compromettent ainsi une grande partie de la récolte : on se trouverait mieux d'adopter des planches de 3 ou 4 mètres de largeur là où il est facile de jeter les eaux surabondantes dans les fossés, à l'aide de rigoles d'écoulement habilement ménagées et entretenues avec soin.

Si ce n'est chez un petit nombre de propriétaires en voie de progrès, le froment est toujours fumé directement, à l'exclusion du maïs et des autres récoltes sarclées ou fourragères. On se sert du fumier des bêtes à cornes, plus ou moins amélioré par celui des bêtes à laine, des mules ou des chevaux; il compte ordinairement de quatre à six mois de séjour en tas dans la métairie avant d'être appliqué à la récolte. L'hectare reçoit 15 à 20 charretées à deux chevaux, pesant ensemble 20 ou 25,000 kilogrammes; on enfouit le fumier tantôt par le dernier labour, tantôt par les labours précédents.

L'époque des semailles n'est pas la même partout. Généralement elles s'effectuent du 1er octobre au 10 novembre. Sur les coteaux argilo-calcaires de l'arrondissement de Lavaur, on commence les semailles vers le 25 octobre; dans les terres argilo-siliceuses de la plaine, elles ont lieu huit jours plus tôt; dans les sols moins consistants, on sème dès les premiers jours d'octobre, contrairement à la règle de commencer l'ensemencement par les terres les plus fortes : l'exception ici se justifie par la nature froide et pauvre du sol comparativement aux autres terrains de l'arrondissement.

A Lugan, on ensemence les coteaux du 8 octobre au 10 novembre ; d'après l'expérience des cultivateurs de cette localité froide, les semailles précoces sont préférables ; les meilleures sont celles qui ont lieu dès la fin de septembre et sont terminées à la mi-octobre : on attache une grande importance à semer de bonne heure quand le blé succède au trèfle, parce que, à cette place, la céréale se tient longtemps verte.

Dans la commune d'Ambres (terres-forts de bonne qualité), on commence les semailles du 15 au 18 octobre ; passé la saint Martin (11 novembre), ce retard expose la récolte à être *brouillardée*.

A Rabastens, l'époque préférée est la semaine qui précède la Toussaint et les huit jours qui suivent.

Dans la plaine de Gaillac (sol gras d'alluvion), les semailles commencent au 15 octobre et finissent au 10 novembre. Il est d'expérience que les premiers blés semés prennent quelquefois trop de développement au sortir de l'hiver.

Dans le vallon de Cordes, les semailles commencent le 20 octobre et se prolongent jusqu'au 15 novembre.

A Albi, on sème dès les premiers jours d'octobre ; l'époque de la Toussaint passe pour trop reculée.

A Castres, la plupart des cultivateurs sèment du 20 octobre au 10 novembre.

Il est d'observation genérale, dans le département, que les terres de coteaux argilo-calcaires demandent à être semées par le *mou* ; les terres lises, au contraire, veulent être ensemencées par le sec ; de là, le dicton proverbial : en terre lise, poussière sous le laboureur, en terre-fort, sabot en terre.

Les semailles précoces ont ordinairement plus de chances de succès que les semailles tardives.

Partout on sème à la volée. Le semoir Hugues, le seul jusqu'ici qu'on ait introduit dans le département, n'est connu que d'un petit nombre de propriétaires ; il n'est point encore entré dans le domaine général de la culture.

La proportion de la semence offre des chiffres assez variés ; les termes extrêmes sont représentés par 1 hectolitre 50 litres et 2 hectolitres 40 litres par hectare ; les autres se répartissent ainsi qu'il suit :

		hectol.	litres.
A Lavaur	terres argilo-calcaires...	1	90
	sols argilo-siliceux.....	2	00
	sols siliço-argileux......	2	20
A Ambres, terres franches, douces..		1	80
A Lugan, sol argilo-siliceux marné .		1	80
A Salvagnac, argilo-calcaire	1ʳᵉ qual.	1	50
	2ᵉ qual.	2	00
A Rabastens, excellente terre d'alluvion..........................		1	60
Plaine de Gaillac, *idem*..........		1	70
A Andillac, sol argilo-calcaire.....		2	00
A Cordes, sol argilo-siliceux mêlé de calcaire......................		2	25

A Vaour, calcaire mêlé d'argile.... 1^{hectol.} 75^{litres.}
A Trévien, siliço-argileux chaulé... 1   50
A Valderiès, *idem* non chaulé...... 2   00
A Castres, terres franches, argilo-cal-
caires........................ 2   00
A Dourgne.................... 2   40

Le fait le plus remarquable de ce relevé comparatif est l'économie de semence, résultant immédiatement de l'opération du chaulage ou du marnage. A Lugan, elle place, sous le rapport de la semence, les terres médiocres de cette commune sur le même pied que les excellentes terres d'Ambres; à Trévien, elle procure une économie d'un quart de semence sur le sol identique de Valderiès, non soumis au chaulage.

Le changement de semence est loin d'être pratiqué dans toutes les localités. En général, on se sert, comme semence, du froment récolté sur la propriété; les cultivateurs les plus soigneux choisissent alors le grain le plus parfait et le plus propre; les autres apportent une grande négligence à cette opération importante ; ils sèment ce qu'ils ont sous la main, aussi leurs champs laissent-ils à peine distinguer la récolte au milieu des mauvaises herbes qui l'encombrent. Dans le canton de Salvagnac, on change de semence tous les cinq ans ; l'échange se fait de voisin à voisin. Dans d'autres localités, le changement de semence se répète plus fréquemment, mais beaucoup y procèdent par habitude plutôt que par raisonnement. Les blés les plus estimés comme blés de semence sont : les bladettes de Puy-Laurens, celles surtout de Magrin, dépendant du même canton ; les bladettes de Lavaur, les blés fins de Villeneuve-sur-Vère, Noailles, Cestayrols, dans l'arrondissement de Gaillac ; ceux des coteaux crayeux de l'arrondissement d'Albi et les blés de Lautrec, dans l'arrondissement de Castres. Ces blés de choix, alternés, de temps en temps, avec les variétés employées dans chaque localité, préviendraient la dégénérescence dont on se plaint, surtout si l'on s'attachait à ne semer

que dans des terres en bon état de fertilité.

Le vitriolage et le chaulage sont les deux
préservatifs usités contre la carie, dans le département du Tarn ; le premier seul est d'une
application générale ; il a lieu de plusieurs
manières. Les uns mettent de l'eau chaude
dans une comporte ; ils y font dissoudre 120
grammes environ de sulfate de cuivre par
chaque hectolitre de blé, et quand le liquide
n'est plus que tiède, ils y plongent la semence
contenue dans un panier. On peut semer vingt-
quatre heures après l'avoir fait égoutter et
lorsqu'elle est suffisamment ressuyée. D'autres,
au lieu de placer la semence dans un panier,
pour la plonger dans l'eau vitriolée, versent
lentement le blé dans la comporte ; ils le
brassent à diverses reprises et enlèvent tous
les grains légers ou altérés qui flottent à la
surface. Ce procédé excellent mérite d'être
préféré, en ce qu'il soumet plus efficacement
tous les grains à l'action du préservatif et

qu'il permet de retrancher les semences im-
parfaites.

Le chaulage se pratique par immersion. A
Cordes, M. Dalayrac l'emploie conjointement
avec le sulfate de cuivre, dans la proportion
de 3 kilogrammes de chaux par hectolitre de
grain ; il y ajoute encore de la fiente de pi-
geon et une certaine dose de sel ; ce dernier
a surtout pour effet de maintenir la semence
dans un état de fraîcheur et de hâter ainsi sa
germination.

M. Favier, à Cuq près Valderiès, chaule son
blé de la manière suivante : il fait bouillir de
l'eau, y jette un peu plus de 2 kilogrammes
de chaux par hectolitre de blé, et lorsque la
chaux est complétement éteinte, qu'il n'y a
plus de globules à la surface du liquide, il y
plonge une fois la semence contenue dans une
corbeille, la laisse égoutter et la met ensuite
en tas pendant quarante-huit heures. Avant
qu'il eût recours au chaulage, le quart et
souvent le tiers de sa récolte en blé était an-

nuellement infesté de carie ; depuis qu'il emploie ce préservatif, ses blés sont tout à fait exempts du fléau.

M. Dubois, à Vaour, se trouve bien d'ajouter un peu de sel à la chaux qu'il emploie pour se préserver de la carie.

L'usage général, dans le département, est d'enterrer la semence à la petite charrue connue sous le nom d'araire ; elle place le blé à 8 centimètres environ de profondeur. Aussitôt après l'enfouissement, on procède à l'émottage dans les terres appelées boulbènes (sols argilo-siliceux). Des femmes sont ordinairement chargées de cette opération. Armées d'un petit maillet en bois, elles brisent les mottes et recouvrent en même temps les grains restés à la surface du sol. L'émottage précède quelquefois l'ensemencement quand la terre est fortement durcie ; ce qui n'empêche pas qu'on ne le répète sur le grain mis en terre. Cette pratique est générale dans le Tarn. A l'exception d'un petit nombre de cultivateurs, tous prétendent que l'émottage à bras est d'une nécessité indispensable et qu'on ne saurait le remplacer par le travail des instruments. Cette assertion nous semble reposer uniquement sur l'ancienne coutume du pays. On serait revenu depuis longtemps de ce préjugé erroné si l'on connaissait les ressources que présente l'emploi judicieux de la herse et du rouleau, fonctionnant à propos à la suite l'un de l'autre et complétant mutuellement leur travail. Malheureusement, d'un côté, les métayers ignorent jusqu'au nom de ces instruments; de l'autre, la rapidité avec laquelle les terres passent de l'état de fraîcheur à celui d'une sécheresse extrême, sous un soleil brûlant, rend l'insuffisance des bêtes de travail encore plus sensible quand il s'agit de déployer tout à coup une grande force. La charrue, dans ce cas, agit trop lentement ; l'extirpateur ou le scarificateur serait plus efficace, mais on les rencontre à peine chez les propriétaires les plus éclairés. Pendant ce temps, l'action du soleil se fait sentir, le moment favorable pour travailler la terre et l'empêcher de se sceller a disparu, il faut attendre une nouvelle pluie pour ouvrir le sol ; mais alors la charrue le déchire en mottes plus ou moins denses ; le rouleau et la herse ne venant point en aide au laboureur, coûte que coûte, il faut recourir à un moyen énergique ; l'émottage se présente, on s'y résigne par nécessité. Dans cette extrémité, que fait le métayer ? Il subit aveuglément la tyrannie de l'usage. L'émottage à ses yeux n'est qu'un surcroît de travail, sans augmentation de dépenses toutes les fois qu'il peut y suffire lui et les siens ; son temps et les bras de sa famille n'entrent pas en compte. On conçoit, à la rigueur, qu'il se préoccupe peu des inconvénients de l'émottage, qui n'amène aucun déboursé ; il n'en serait pas ainsi, sans doute, si le propriétaire devait supporter une partie de la dépense ; mais comme celui-ci y demeure étranger, l'ancien usage règne sans contrainte. L'emploi combiné du rouleau et de la herse serait pourtant bien préférable et ménagerait bien mieux tous les intérêts.

Les terres argilo-calcaires et les terres franches ne sont pas soumises à l'émottage; la pluie, les gelées, le soleil, fondent suffisamment les mottes, l'atmosphère économise cette main-d'œuvre dispendieuse.

Les semences terminées, les travaux de l'automne se bornent aux raies d'écoulement; on les tire avec l'araire à travers les champs ensemencés, la houe perfectionne les rigoles. Cette opération capitale est souvent négligée dans le Tarn; aussi n'est-il pas rare de voir des récoltes submergées par les pluies de l'hiver, et présenter un aspect jaune et languissant au printemps. Le moyen de réparer cette incurie serait de herser fortement les blés au moment du réveil de la végétation; mais c'est à peine si l'on pourrait citer, dans tout le département, deux ou trois propriétaires qui aient osé risquer cette pratique si

commune dans une grande partie de la France,
encore luttent-ils eux-mêmes, sans beaucoup
d'espoir, contre les résistances opiniâtres des
métayers et des maîtres-valets. Le hersage
du blé produirait cependant les meilleurs
résultats dans le Tarn. Pour être efficace, il
faut, non-seulement qu'il rompe la croûte du
terrain, mais encore qu'il l'ameublisse à une
profondeur de 5 à 8 centimètres; c'est dans
cette condition que l'atmosphère exerce son
action bienfaisante sur les plantes. Quand
l'opération a été faite à propos, c'est-à-dire
dans une terre ni trop sèche, ni trop humide,
on ne tarde pas à apercevoir ses effets. Le
blé, de jaune et clair qu'il était, prend une
teinte verte foncée ; ses racines se développent
et se multiplient, la plante, recouverte d'une
terre meuble qu'échauffe et féconde l'atmosphère, *talle* avec force; la récolte n'est plus
la même; dans l'espace de quelques jours
une végétation luxuriante a remplacé l'aspect
chétif sous lequel elle se présentait au sortir

de l'hiver. Le hersage du blé au printemps
se pratique avec succès chez MM. Delrieu et
Lanoux. Dans les sols argileux, deux dents de
herse valent mieux qu'une. Sur les terres sujettes à être soulevées par les gelées, on passe
le rouleau au printemps. Cette opération précède, d'ordinaire, de trois à quatre semaines,
l'arrachage des mauvaises herbes. En général,
on ne sarcle les blés qu'après les semailles
du maïs; tant qu'elles ne sont pas terminées,
tout cède à cette récolte, la plus précieuse
aux yeux des valets et des métayers; aussi
le sarclage s'exécute-t-il trop tard et fort
mal dans le Tarn. Les femmes passent dans
les blés, alors qu'ils sont déjà très-élevés; il
en résulte qu'elles brisent beaucoup d'épis,
et que, certaines de ne pouvoir être contrô-
lées, elles ne font que courir à travers la récolte, laissant la plupart des mauvaises herbes
sur pied. Le hersage bien appliqué en détrui-
rait déjà une partie; si elles reparaissaient
après cette opération, on ferait passer une

fois les sarcleuses dans le champ, quinze jours ou trois semaines après le hersage; il serait facile de surveiller leur travail à une époque où les épis ne sont pas encore sortis de leurs tuyaux.

L'effanage n'est pas pratiqué dans le Tarn, il est remplacé par l'usage introduit chez beaucoup de cultivateurs, de livrer les blés à la dépaissance des brebis et des agneaux dans le courant de l'hiver et au printemps, quel que soit l'état de la récolte. Cette coutume, qui se justifierait si la végétation s'emportait avec trop de force, n'a d'autre but que de faire vivre, aux dépens du blé, un troupeau qui meurt de faim à la bergerie, après avoir épuisé quelques misérables brins d'herbe dévorés à la hâte le long des chemins. Les propriétaires qui entendent leurs véritables intérêts n'ont garde de suivre cette règle presque générale; ils s'en abstiennent avec soin, surtout dans les terres argilo-siliceuses sujettes à se battre.

Le blé, pendant sa végétation, est attaqué par le charbon, la coulure et la rouille.

La véritable cause du charbon est inconnue; il est plus fréquent dans les années humides que dans les années sèches.

La coulure est produite par les pluies qui surprennent le blé en fleur; celles du commencement de juin et de la Pentecôte coïncident souvent avec cette phase de la végétation, et durent ordinairement plusieurs jours.

La rouille occasionne souvent de grands dégâts parmi les champs de blé dans le département du Tarn; elle se manifeste ordinairement à la suite du brouillard ou de la pluie, quand un soleil ardent vient frapper les plantes chargées d'humidité.

Dans certaines localités les limaces fatiguent beaucoup les blés à leur levée; leurs ravages ne s'exercent guère au delà de l'automne. Les défrichés de trèfle y sont sujets.

Les mauvaises herbes qui envahissent le

plus ordinairement les blés dans le Tarn
sont : le chiendent (*triticum repens*), le glayeul
(*gladiolus communis*), la ravenelle (*sinapis arvensis*), la moutarde noire (*sinapis nigra*), le
raifort sauvage (*raphanus raphanistrum*), l'a-
grostème (*agrostemma gitago*), la renoncule
des champs (*ranunculus arvensis*), la matri-
caire (*matricaria camomilla*), le coquelicot
(*papaver rhœas*), le bleuet (*centaurea cyanus*),
la gesse sans feuilles (*lathyrus aphaca*), la lupuline (*medicago lupulina*), le liseron (*convol-
vulus arvensis*), le pas d'âne (*tussilago farfara*),
l'aristoloche clématite (*aristolochia clematitis*),
la serratule (*serratula arvensis*), les chardons
(*carduus*), la folle avoine (*avena fatua*), le
muscari chevelu (*muscari comosum*), et plusieurs espèces de vesces et de ronces (*vicia,
rubus*).

Le meilleur moyen de détruire ces mauvaises herbes serait de recourir au déchaumage pour toutes les plantes annuelles; quant
aux mauvaises herbes vivaces, une jachère

bien travaillée à l'aide de la charrue, de l'extirpateur et de la herse, en débarrasserait le
sol. Une fois le terrain net, il serait facile de
l'entretenir propre avec le secours des récoltes
fourragères et des récoltes sarclées.

La moisson du blé commence généralement, dans les plaines, vers la saint Jean
ou les premiers jours de juillet; sur les coteaux, du 8 au 10 juillet. Le terme le plus
reculé, dans la montagne, ne dépasse pas le
20 juillet.

Les propriétaires éclairés coupent un peu
sur le vert; la plupart des métayers attendent
que le grain soit très-mûr. Plusieurs néanmoins commencent à suivre la première méthode, sans contredit préférable.

La faucille est l'instrument employé pour
scier, l'usage de la faux n'est qu'une exception.
M. Pinel-Pagès l'a adopté à Flamarens. M. le
vicomte de Martrin, près de Castres, s'en sert
avec avantage pour soustraire plus promptement sa récolte aux ravages du vent d'autan.

D'après ses comptes, tenus avec une remar
quable précision, un homme et une femme,
travaillant comme solatiers, peuvent scier et
lier, en un jour, 75 gerbes, pour lesquelles
ils reçoivent un salaire de 2 francs; un faucheur peut couper 200 gerbes dans sa journée. Pour lier et disposer ces gerbes, il faut
un homme et une femme recevant ensemble
2 francs 50 cent. la journée du faucheur se
paye 1 fr. 50 cent. total 4 francs. Le sciage à
la faucille revient donc plus cher que le travail de la faux. Ce dernier instrument exige,
il est vrai, des hommes vigoureux et parfaitement exercés, tandis que le faucillage s'effectue par des femmes, des jeunes gens et
même des vieillards, que, dans le Tarn, on
peut toujours se procurer en nombre suffisant à l'époque de la moisson.

Suivant les localités, on lie le jour même
où l'on a coupé, ou bien le lendemain. Dans
l'arrondissement de Castres, les uns mettent
les gerbes en *dizeaux*, *tavelles* ou *tasseaux* de

11 gerbes disposées tantôt en croix, tantôt en toit ou en carré, croisées de manière que la paille seule touche la terre. D'autres forment les dizeaux en dressant 8 ou 10 gerbes debout sur le sol, appuyées les unes contre les autres par la tête; une gerbe renversée recouvre le dizeau, et le met ainsi à l'abri des mauvais temps. Quelques-uns, enfin, rangent les gerbes circulairement autour d'une gerbe placée au centre du dizeau, et recouvrent celui-ci avec une botte dont les épis sont dirigés en bas.

L'état du temps et la présence ou l'absence de mauvaises herbes dans la récolte décident s'il faut laisser les dizeaux pendant 6, 8 ou 15 jours dans les champs; quelques-uns, quand il fait très-beau et que la paille est nette de mauvaises herbes, les enlèvent presque aussitôt après avoir coupé.

Le battage s'effectue à ciel nu, près des habitations rurales, sur un emplacement disposé à cet effet, et nommé, dans le pays, *sol* ou *aire dépiquatoire*. On la prépare en enlevant la croûte superficielle du sol si l'herbe s'en est emparée, et en la nivelant avec soin.

Les blés coupés et portés sur l'aire sont mis en *gerbiers*. On appelle de ce nom une meule provisoire présentant ordinairement la forme d'une toiture à deux pans d'où l'on extrait les gerbes au moment du battage. Un gerbier bien confectionné ne doit pas se laisser pénétrer par la pluie; les épis sont tournés vers le centre de la meule, et se relèvent de manière à rejeter les eaux sur les côtés.

Le battage au fléau régnait exclusivement dans le département il y a vingt-cinq ans; aujourd'hui il est remplacé, dans beaucoup d'endroits, par le dépiquage au rouleau; quelques années encore, et il aura disparu entièrement des usages agricoles des parties basses du département. Deux sortes de rouleaux servent au dépiquage des grains : l'un en bois, de forme conique, garni de traverses saillantes avec avant-train, et mis en mouvement sur l'aire à l'aide de mules ou de chevaux allant au trot, c'est là le premier système. L'autre rouleau est en granit, à cône tronqué; par son poids, il force le grain à sortir de la balle et lamine la paille; les bœufs le traînent au pas sur l'aire garnie de gerbes; c'est le second système; il a détrôné le premier dans un grand nombre de métairies.

Le dépiquage commence partout immédiatement après la récolte des grains. Les gerbes, portées de grand matin sur l'aire, sont déliées; on en met les liens à part afin de constater le travail de la journée, et l'on étend ce qui doit être battu. Les uns placent la gerbe dans le sens du rayon, l'épi regardant le centre du sol; les autres la disposent perpendiculairement au rayon : la première méthode est plus expéditive, la seconde rend le battage plus énergique.

A sept ou huit heures du matin, on a ordinairement achevé d'étendre les gerbes; on les laisse *prendre le soleil* sur l'aire pendant une

demi-heure. Vers huit heures et demie, les
attelages arrivent et promènent les rouleaux
circulairement sur le sol. On a partout commencé à opérer avec un seul rouleau; mais,
comme son action était fort lente, on s'est
bien vite décidé, dans les exploitations même
ordinaires, à ajouter un second rouleau. Ces
rouleaux sont traînés par des mules ou des
chevaux, le plus souvent même par des bœufs
ou des vaches. Lorsqu'on emploie des bêtes
à cornes, il est d'usage de se mettre en garde
contre leurs déjections, qui sont reçues dans
une espèce de baquet; un petit garçon veille,
d'ordinaire, à ce service. Chez quelques propriétaires, les attelages enroulent, autour d'un
piquet placé au centre du sol, une corde qui
les retient; le rouleau qu'ils traînent, se rapprochant avec eux, à chaque tour, du centre
de l'aire, n'en laisse aucune portion qui ne
soit foulée et battue. D'autres propriétaires,
retenant leurs attelages par une corde attachée à un pivot mouvant, les font marcher à

la suite les uns des autres, et décrire les mêmes évolutions jusqu'à ce que, la portion du cercle qu'ils parcourent étant bien broyée, on diminue la longueur de la corde et on attaque un nouveau ruban de paille. Il est d'expérience que, par un temps peu favorable et lorsque les attelages marchent au pas, il faut dix tours ou pressions de rouleau à la même place pour que le blé soit bien égrainé. Si l'on emploie deux rouleaux, cinq tours par rouleau suffisent; si les attelages marchent au trot ou si la chaleur est intense, l'égrainage de la gerbe se fait plus facilement.

Ce premier battage dure deux heures. Aussitôt qu'il est terminé, les ouvriers retournent les gerbes, et le manége des rouleaux recommence. Cette seconde opération ne dure guère qu'une heure; il est environ deux heures de l'après-midi quand elle est terminée. On procède sans retard à la séparation du grain et de la paille. Les ouvriers, armés de fourches, secouent plusieurs fois la paille pour que le blé n'y reste pas enfoui. C'est le travail qui demande le plus de surveillance et de soin. Si l'on n'y veillait, les deux tiers du grain resteraient dans la paille. La paille, retournée et secouée, est mise en tasseaux, puis portée au pailler sur de longues perches en bois de saule. A l'aide d'un râteau, on ramasse ensuite sur l'aire toutes les pailles qui restent. Cela fait, on enlève avec un râteau plus fin les balles de blé, et on les met à part pour les vanner; les ouvriers, enfin, balayent le sol, et ramènent au centre de l'aire tous les débris qui s'y trouvent encore.

Plusieurs propriétaires ont apporté d'heureuses modifications au genre de dépiquage suivi généralement dans le pays. Chez M. Paul Barthès, le rouleau en bois avec traverse fonctionne conjointement avec le rouleau en pierre. A l'aide de ce procédé, on dépique 5oo gerbes dans l'espace de cinq heures.

M. le vicomte de Martrin a deux aires

contiguës qui fournissent un travail alternatif
aux animaux. Le matin, on commence par
étendre les gerbes sur une aire, les chevaux
les dépiquent au rouleau ; pendant ce temps,
les gens préparent d'autres gerbes sur l'aire
voisine ; quand ils ont terminé, les chevaux
s'y transportent, et répètent le même manége
que sur la première aire. Tandis que le rouleau fonctionne derechef, les ouvriers enlèvent le grain qui a été d'abord dépiqué, et le
portent dans une espèce de magasin provisoire appelé *serre-pile*. De cette manière, rien
ne chôme, bêtes et gens sont constamment
en activité : on dépique ainsi 1000 gerbes
par jour. Chaque aire mesure 24 mètres de
diamètre ; quatre rouleaux travaillant simultanément fonctionnent à la fois sur les quatre
zones, qui comptent chacune 3 mètres ; l'intervalle compris entre la dernière zone et le
point central de l'aire ne reçoit point de gerbes.
La figure suivante donne une idée de l'opération :

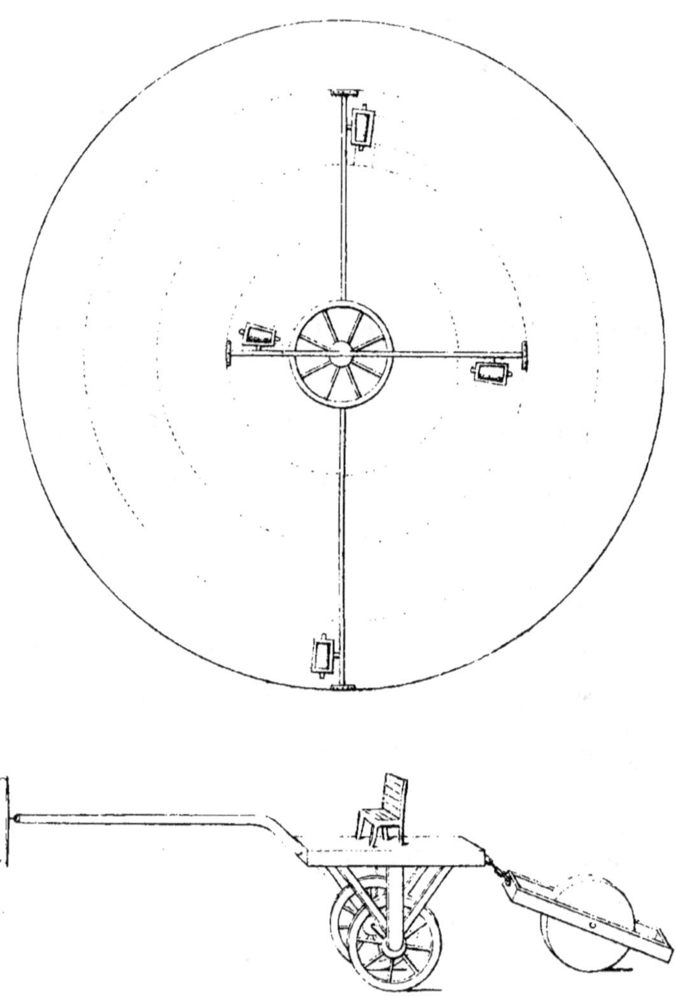

Un rouleau squelette en bois, de forme hexa-
gonale, est remorqué par le premier rouleau

en pierre; il remplit l'office d'un batteur, et
fait descendre le grain détaché de l'épi au
fond du lit de paille, lequel, avant d'être soumis à l'action du rouleau, s'élève à 21 centimètres, et se trouve déprimé de 16 centimètres après l'opération. L'un et l'autre rouleau ont le même diamètre. M. de Martrin
emploie trois espèces d'animaux pour ce genre
de dépiquage, des vaches, des mules et des
chevaux. La paire la plus lente, les vaches,
occupe le cercle le plus étroit; les autres
animaux sont distribués sur le reste de l'aire
de telle sorte, que l'étendue du cercle soit
proportionnée à la vitesse de chaque genre
d'attelage. Les mules remplissent la deuxième
et la troisième zone; la quatrième est réservée aux chevaux. Tous les animaux vont au
pas. Cette combinaison ingénieuse pourrait
être facilement adoptée dans toutes les exploitations où l'on a un certain nombre de
gerbes à dépiquer. M. de Martrin ne vanne
que tous les dix jours, quand le serre-pile

est comble, ou plutôt lorsque le vent favorise l'opération ; le tarare perfectionne le travail.

Cet usage de nettoyer le grain en le jetant contre le vent est général dans le Tarn. Beaucoup de métayers ne donnent pas d'autre préparation au blé ; cependant, depuis plusieurs années, le tarare a été adopté dans une foule de communes : on peut regarder ce progrès comme acquis au département.

Dans chaque localité, le prix du battage au rouleau et du nettoyage des grains varie suivant le taux de la main-d'œuvre. L'appréciation suivante donne une idée assez exacte de ce qui se passe à cet égard dans le département. Chez M. le baron Ch. de Rivières, la journée moyenne du battage des gerbes est de 480 gerbes, qui rendent 28 à 30 hectolitres de blé. Ces 28 hectolitres coûtent, à battre et à nettoyer, 21 francs 50 cent. ou 77 cent. l'hectolitre. Les frais se distribuent ainsi qu'il suit :

Pour le service du *sol*, 4 hommes à
   1 fr. et 4 femmes à 75 cent. soit. .   7$^{fr.}$ 00^c
Nourriture de 8 ouvriers.   6   00
Demi-journée de 2 attelages avec leurs
   conducteurs.   6   00
Nettoyage du grain, 3 ouvriers, dont
   2 femmes non nourries.   2   50
                      Total. 21   50

pour 28 hectolitres, ou 77 centimes pour chaque hectolitre.

Au fléau, ces 480 gerbes auraient coûté à battre :

   11 journées d'hommes, nourris. . . . . 24$^{fr.}$ 00^c
   6 journées de femmes, nourries. . . . 6   00
   Nettoyage du grain. 2   50
                  Total. 32   50

ou 1 franc 15 cent. par hectolitre.

Le battage au rouleau procure donc une économie de 38 centimes par hectolitre.

Ces 480 gerbes ou 28 hectolitres de blé avaient déjà coûté, pour frais de moisson, 34 fr. savoir :

12 journées de moissonneur à 40 gerbes
par moissonneur, et 2 fr. par journée,
nourriture comprise................ 24^{fr.}

Pour frais de transport au gerbier, attelages, etc.......................... 10

Total.................. 34

Soit 1 franc 21 cent. par hectolitre.

Dans certains cantons, les travaux de la moisson sont confiés à un nombre déterminé d'hommes et de femmes, auxquels on abandonne le 7e, le 8e, ou plus rarement le 9e du grain, tel qu'on le tire de l'aire pour l'enfermer dans le grenier. Ailleurs, ce sont les métayers qui en sont chargés; ils s'aident alors de leur famille, et parfois encore de bras étrangers. Les propriétaires exploitant à maîtres-valets, ont recours, tantôt à des sola-tiers, tantôt uniquement à leurs valets, qu'ils font aider, dans ce cas, par des journaliers.

La moyenne du rendement d'un hectare de blé, dans le département, varie presque de canton à canton.

ARRONDISSEMENT DE LAVAUR.

Les coteaux produisent, bon an mal an. 14 à 15 hectol.

Dans les terres argilo-siliceuses de la

    plaine, on a.................... 18 à 20

Dans le canton de Graulhet........ 18 à 20

A Lugan....................... 12 à 14

Dans la commune d'Ambres........ 16 à 17

ARRONDISSEMENT DE GAILLAC.

Salvagnac, terres de 1re qualité......... 18

             de 2e qualité......... 14

             de 3e qualité......... 11

Canton de Rabastens, année ordinaire.... 12

               Très-bonne année...... 16

Plaine de Gaillac................. 16 à 17

Plaine basse de Gaillac............... 12

Canton de Cordes { vallon 13

                  { coteaux............ 11

ARRONDISSEMENT D'ALBI.

Plaine d'Albi...................... 14

Coteaux.......................... 11

Canton de Monestiés { sol siliço-argileux

                    { chaulé......... 15

                    { non chaulé....... 10

ARRONDISSEMENT DE CASTRES.

Sol calcaire.......................... 10 hectol.

Cantons de Castres et de Lautrec, sol argilo-
calcaire........................... 16

Dans ces dernières localités, on estime qu'il faut un rendement de 8 hectolitres par hectare pour payer, dans les terres fortes, les frais de culture, d'engrais, de semence, de récolte; 6 hectolitres suffisent dans les terres légères.

Commune de Saïs { terres lises.......... 12 hectol.
                { calcaire pauvre...... 10
Canton de Dourgne, plaine............ 12

Les deux termes extrêmes du rendement moyen de l'hectare en blé, s'arrêtent à 10 et à 20 hectolitres; en partageant la différence, la moyenne, pour le département, se fixerait à 15 hectolitres, ce qui correspond à huit fois environ la semence, rendement médiocre pour des terres en général de bonne qualité et éminemment propres à la production du froment. D'après un relevé de dix années, le prix moyen de l'hectolitre de blé s'est établi de la manière suivante dans les divers arrondissements :

ARRONDISSE-MENTS.	1834.	1835.	1836.	1837.	1838.	1839.	1840.	1841.	1842.	1843.
Albi......	16^f 10^c	16^f 50^c	23^f 45^c	19^f 50^c	20^f 60^c	21^f 30^c	20^f 00^c	18^f 35^c	22^f 40^c	22^f 25^c
Castres....	16 15	17 50	22 95	19 70	20 65	21 75	20 85	18 50	23 20	22 50
Gaillac....	15 55	16 30	21 50	17 80	19 25	19 25	17 80	17 05	21 00	21 50
Lavaur....	16 15	16 40	21 55	19 00	21 15	21 55	20 20	17 80	21 65	21 60

Le principal commerce du blé se fait, dans le département, entre les cultivateurs, les boulangers, les minotiers et les petits consommateurs.

On en exporte aussi sur Montauban, Bordeaux, Revel, Castelnaudary, Rhodez, Milhau et le département de la Lozère.

SEIGLE.

Dans les cantons de Monestiés, Pampelonne, Valderiès, Valence, Villefranche, Alban; dans ceux de Montredon, Roquecourbe, Vabre, Lacaune, Brassac, Anglès, Saint-Amans et dans toute la montagne Noire, le seigle remplace le blé. Il occupe encore une place importante dans les terres légères de la partie basse du département, et surtout dans les sols siliço-argileux de la plaine de Lavaur et de la rive gauche du Tarn.

La seule variété cultivée dans le département est le seigle ordinaire (*secale cereale*); l'hectolitre pèse de 65 à 70 kilogrammes. Suivant qu'il provient de la plaine ou de la montagne, il se montre tardif ou précoce dans le nouveau sol et sous le nouveau climat qui le reçoivent. Plusieurs propriétaires

de la montagne, après avoir tiré leur semence
de localités moins froides, y ont renoncé
aujourd'hui. Les seigles venus de la plaine
partaient très-vite au printemps ; les gélées
tardives, si fréquentes sur ces hauteurs, les
surprenaient en épis et en faisaient avorter
une grande partie. Généralement on ne change
pas de semence ; quand on veut la renouveler de loin en loin, on l'emprunte à ses
voisins.

Dans les sols siliço-argileux de la plaine,
le seigle se sème ordinairement sur la jachère ;
dans la montagne, tantôt il succède à des genêts ou à un pâturage de cinq ou six ans,
tantôt à la jachère, tantôt aux pommes de
terre, rarement au sarrasin.

Dans la plaine, le seigle sur jachère reçoit
cinq labours ; dans la montagne, ce nombre
varie ; dans le canton de Brassac, on en
donne ordinairement trois à quatre de 10
centimètres de profondeur ; à Vabre, on
se contente de deux ou trois labours ; à La-

caune, au contraire, on regarde six labours comme nécessaires.

Sur défrichement, la préparation du sol diffère suivant les localités.

Dans le canton d'Alban, on écroûte le sol à 5 centimètres de profondeur ordinairement avec l'araire, quelquefois avec la bêche; quand les gazons sont suffisamment secs, on les dresse par petits tas de 1 mètre de largeur sur 5o centimètres de hauteur; on y introduit un fagot de genêts à l'intérieur, et l'on y met le feu en juin ou en août. La combustion terminée, on laisse la cendrée par tas dans l'état où elle se trouve au moment de l'écobuage jusqu'à l'époque des semailles. Pendant cet intervalle, si le sol conserve encore un peu de puissance, et s'il tombe de la pluie en juillet, l'herbe repousse. Le jour même des semailles, on étend la cendrée à la pelle, on répand la semence et l'on enfouit le tout par un coup d'araire; dans ce cas, le champ se trouve fumé, partie au moyen de la cendre provenant de l'écobuage, partie avec la nouvelle pousse du gazon.

Dans le canton d'Anglès, on alterne, autant que possible, par bandes le fumier d'étable avec les résidus du gazon écobué; cendres, fumier et semence sont enterrés à la fois par un coup d'araire.

A Lacaune, le champ destiné au seigle est préparé par des labours très-soignés. Vers le mois de juin, on rassemble toutes les mauvaises herbes amenées à la surface par la charrue et la herse, on en forme de petits tas, placés de distance en distance, et l'on y met le feu quand les herbes ont été suffisamment desséchées par le soleil. Les cendres résultant de la combustion n'empêchent pas les bons cultivateurs de fumer encore leur terre avec du fumier d'étable. La récolte se trouve ainsi placée dans un terrain net de mauvaises herbes et bien fumé, sans que celui-ci ait passé par un écobuage funeste. Le procédé suivi à Lacaune, notamment chez M. Cabanes,

mériterait d'être imité dans toutes les contrées montagneuses du département où l'é-
cobuage se pratique par routine et sans
réflexion, sur les sols les plus légers.

Dans certaines localités, lorsque le seigle
doit être confié à un sol siliço-argileux que la
charrue n'a pu complétement ameublir, on
émotte à la main ; le fumier est répandu sur
le dernier labour; on y jette la semence, et
le tout est enfoui par le même coup d'araire.

Les pommes de terre et le sarrasin permettent rarement de donner plus d'un labour
au champ qui doit être, après leur récolte,
ensemencé en seigle, encore la semaille faite
ainsi est-elle souvent tardive.

Les semailles du seigle ont lieu, dans la
montagne, depuis le commencement de septembre jusque dans la première quinzaine
d'octobre; toutefois, ces limites varient selon
les localités. A Brassac, elles s'achèvent entre
le 15 septembre et le 25 octobre; dans les
parties les plus élevées du canton, on sème

dès le 25 août; passé la fin de septembre, la réussite est chanceuse. Il en est de même dans le canton d'Anglès, beaucoup plus froid. Dans le canton de Vabre, les semailles tardives sont quelquefois avantageuses dans les bas-fonds, en ce sens que les gelées du printemps arrivent avant que le seigle soit en fleur; sur les hauteurs, les semailles précoces sont toujours préférables. Dans les vallons du canton de Lacaune, le seigle se sème depuis le 15 septembre jusqu'au 15 octobre; les localités plus froides commencent dès le 25 août.

Dans la partie basse du département, les semailles du seigle commencent ordinairement un peu plus tôt que celles du blé; elles se prolongent parfois jusqu'en novembre: on regarde les semailles précoces comme les meilleures.

Suivant la nature des terres et la hauteur à laquelle elles se trouvent situées, on sème dans la proportion de 200, 220, 225, 240 et 250 litres par hectare ; le seigle est généralement enfoui à l'araire ; dans plusieurs cantons de la montagne, on l'enterre avec un fagot d'épines, disposé en triangle, qu'on décore hardiment du nom de herse. Ce procédé existe notamment dans le vallon de Brassac et dans la partie granitique du canton de Vabre ; on s'en sert aussi à Lacaune pour les semailles tardives.

Les cultivateurs soigneux pratiquent seuls des rigoles d'écoulement dans leurs champs ensemencés en seigle ; le plus grand nombre néglige cette précaution importante. Au printemps, on ne donne ni hersages, ni roulages, ni sarclages ; non que les récoltes n'en aient besoin, mais, disent les habitants, ce n'est pas l'usage. Dans la montagne, le seigle est souvent pâturé au printemps : il améliore, sans nul doute, la nourriture du bétail, qui fournit alors un lait plus abondant et de meilleure qualité ; mais ne vaudrait-il pas mieux ensemencer une pièce de terre dans ce but spécial, plutôt que de livrer tout le champ à la dent des animaux, quand il ne pèche pas par un excès de force?

Pendant sa végétation, le seigle est exposé à la coulure, aux gelées tardives et au racornissement. Ce dernier accident n'arrive qu'à l'époque de la maturité du grain. Après une rosée abondante, si le soleil vient à frapper tout à coup les épis chargés d'humidité avant que le vent ne se lève pour contrebalancer l'ardeur de ses rayons, c'en est fait de la récolte, le grain fond dans son enveloppe et se racornit au point de n'être plus que de mauvaise défaite : dans cet état, il est très-difficile de l'extraire de sa balle.

La récolte a lieu vers la fin de juin dans la partie basse du département, et du 1er au 20 juillet sur les hauteurs, selon la position plus ou moins élevée du pays. Beaucoup de cultivateurs de la montagne coupent le seigle sur le vert, plusieurs même n'attendent pas, pour y mettre la faucille, que le grain ne soit

plus laiteux ; ils tremblent qu'un coup de soleil ne vienne subitement anéantir leurs espérances ; mais c'est là une exagération causée
par la peur du mal, c'est tomber de Carybde
en Scylla, puisque le seigle coupé trop tôt
subit un racornissement considérable et rend
plus de son que de farine à la mouture. Cette
pratique vicieuse se remarque notamment à
Brassac.

Les travaux de la moisson s'exécutent de
même que pour le blé. Les gerbes sont mises
en tasseaux ou bien en croix de 12 gerbes
chacune, quand la récolte n'est pas très-sèche.
Dans le premier cas, 3 ou 4 gerbes s'appuient
les unes sur les autres vers le milieu ; 2 autres
les flanquent sur les côtés ; 3 gerbes couron-
nent le tasseau. Dans le second cas, les gerbes
sont superposées sur trois rangs ; on en forme
des gerbières de 120 gerbes, présentant l'aspect de meules coniques ; on les conserve ainsi
jusqu'au moment de dépiquer. Dans la partie
basse du département, le seigle se dépique,

chez les uns, au rouleau, chez le plus grand
nombre, au fléau. Dans la montagne, on ne
fait usage que du fléau. La moyenne du rendement du seigle, par hectare, est de six fois
la semence dans le département; sur écobuage, on obtient souvent huit et neuf fois la
semence; dans les parties les plus pauvres de
la montagne, on ne compte, en moyenne,
que sur quatre à cinq fois la semence.

MÉTEIL.

La culture du méteil est moins répandue
dans le département qu'elle ne devrait l'être
si l'on tient compte du grand nombre de terres
médiocres qu'on ensemence en froment, et
qui porteraient avec plus de profit du blé
semé conjointement avec du seigle. On ren-
contre particulièrement la culture du méteil
aux environs de Lavaur, dans les sols silico-
argileux du canton qui ne sont pas assez riches
pour être ensemencés en blé pur, ou qui ont
été trop chargés par les récoltes précédentes.

On sème généralement par proportions égales les deux grains, en y ajoutant un cinquième en sus de la quantité de semence qu'on a coutume de répandre pour le froment. On s'accorde à trouver que le méteil rend plus en seigle et en blé, et qu'il épuise moins le sol que si on n'avait semé que l'un ou l'autre grain. Les travaux de préparation, d'ensemencement, de culture et de récolte sont les mêmes que pour le froment.

AVOINE.

L'avoine n'est qu'une culture secondaire dans le département. Excepté dans les boulbènes légères de la rive gauche du Tarn, on en cultive peu dans la plaine ; la montagne, au contraire, fait entrer cette plante dans ses assolements ; elle passe même chez beaucoup de cultivateurs de la haute région pour le produit le plus net qu'on retire des céréales.

L'avoine noire et l'avoine blanche sont les seules variétés cultivées dans le Tarn. L'avoine semée avant l'hiver donne un grain plus lourd et d'une couleur plus foncée; elle résiste très-bien à un froid de 5 à 6°; l'avoine de printemps est d'une réussite très-chanceuse à cause des sécheresses qui règnent ordinairement à cette époque de l'année.

L'avoine n'est jamais fumée; elle succède généralement à un chaume de blé ou de seigle, quelquefois aux pommes de terre. Pour les semailles d'hiver, les cultivateurs de la plaine préparent la terre par un seul labour; dans la montagne, on ne prend même pas la peine de déchaumer. Sous prétexte que l'avoine n'est pas difficile sur la préparation du sol, on jette la semence sur la terre non labourée. L'unique coup d'araire qui enfouit la semence retourne en même temps l'éteule du seigle précédemment récolté. Quand on doit semer l'avoine au printemps, on ouvre le sol à la fin d'octobre ou dans le courant de novembre, lorsque les grains d'hiver sont déjà en terre et que la récolte des pommes de terre est ter-

minée ; au retour de la belle saison, on passe
la herse et le ploutroir pour ameublir le sol
et on enterre la semence par un coup d'araire.

Communément on ne fait subir aucune
préparation à la semence ; plusieurs propriétaires cependant soumettent l'avoine au vitriolage, de même que le blé, et prétendent que,
ainsi traitée, elle est moins sujette au charbon : M. Pous, à Lugan ; MM. Cambon et Cabanes, à Lacaune, et M. David Julien Loup,
à Vabre, emploient avec succès ce préservatif.

La proportion de semence varie suivant les
localités et l'époque des semailles. Sur la rive
gauche du Tarn, on répand 1 hectolitre
85 litres d'avoine par hectare ; à Castelnau-
de-Montmiral, 1 hectolitre 75 litres ; à Lavaur
et à Lugan, 2 hectolitres. Dans l'arrondissement d'Albi, 1 hectolitre 80 litres à 2 hectolitres ; à Castres, 2 hectolitres ; dans le vallon
de Brassac et dans la haute montagne, on sème
220 litres ; à Lacaune, 3 hectolitres. Il est

d'usage de semer l'avoine d'hiver plus drue que l'avoine de printemps; cette dernière cependant talle peu et monte promptement en épis. L'avoine d'hiver se sème à la fin d'août ou au commencement de septembre, avant le seigle, quelquefois aussi, mais trop tard, à la mi-octobre dans le canton d'Alban; l'avoine de printemps se sème ordinairement en février ou mars; l'une et l'autre sont enfouies généralement avec un fagot d'épines. Dans les communes de Lacaune et de Nage, les semailles ont lieu dans le courant d'avril; le reste du canton sème à la fin d'août. Dans le canton de Brassac, les deux tiers des avoines sont semées au mois d'août sur le chaume du seigle, un tiers seul est semé au printemps sur pommes de terre. Beaucoup de personnes emploient l'avoine semée au printemps comme grain de semence pour l'automne suivant *et vice versa.*

L'émottage n'a pas lieu pour l'avoine; on regarde les mottes laissées par l'araire comme autant d'abris naturels contre les gelées; il est vrai, le sol auquel on confie l'avoine est plutôt léger que tenace.

Au mois de mars, dans la montagne, les avoines d'hiver sont généralement livrées aux bêtes à laine. Les réflexions émises au sujet de cette pratique appliquée au seigle, conviennent, par les mêmes raisons, à l'avoine. De l'orge, des dravières, le farrouch, la lupuline pour les terrains calcaires, ou tout autre fourrage vert, épargneraient d'avantage la bourse du cultivateur. Quelques-uns, après avoir fait passer les brebis ou moutons dans leurs avoines, donnent un coup de ploutroir à la récolte. Grâces à cet instrument, elle répare à peu près ses blessures. Le ploutrage, du reste, dans certains endroits, est la seule façon que reçoive l'avoine pendant sa végétation. C'est par exception que quelques propriétaires du caton d'Alban font sarcler quand l'oseille et la ravenelle dominent la récolte; personne, dans aucun arrondissement, ne fait usage de la herse ni du rouleau ; ces deux instruments, cependant, rendraient de grands services, le rouleau pour affermir les terres soulevées par la gelée, et les défendre contre les vents et le soleil ; la herse, pour rompre la croûte durcie autour du collet de la plante, réveiller l'avoine et favoriser le développement des talles. Herser et rouler, telle devrait être la conséquence obligée de toute culture d'avoine quand la plante a acquis 8 centimètres de hauteur ; ajoutons que le sarclage devrait encore compléter le travail des instruments si la récolte était envahie par les mauvaises herbes : la dépense de la main-d'œuvre serait largement couverte par l'abondance des produits et la netteté du sol.

Dans la plaine et les vallons abrités de la montagne, l'avoine d'hiver est ordinairement bonne à moissonner vers les derniers jours de juin ; dans la haute montagne, on récolte beaucoup plus tard. A Vabre, on ne faucille pas l'avoine avant la fin de juillet ; à Lacaune et à Anglès, les avoines de printemps ne se coupent pas avant la fin d'août ou les premiers jours de septembre.

L'avoine se coupe à la faucille dans la plaine ; on la laisse rarement au delà de huit jours sur le sol. Dans certaines localités de la montagne, à Lacaune, par exemple, le javelage est pratiqué, et y règne avec tous ses abus. Les métayers se croient obligés d'attendre qu'une pluie ait fortement trempé les javelles pour les mettre en gerbiers. Quinze jours, trois semaines se passent souvent dans cette expectative. En vain essaye-t-on de leur représenter que l'action prolongée du soleil et des rosées altère la paille, fait perdre au grain une partie de son poids, et que les animaux se nourrissent, pendant ce temps, aux dépens de l'avoine ; rien n'ébranle leurs vieux préjugés : l'usage veut que l'avoine reste au moins un mois sur le sol ; l'usage est absurde, mais qu'importe, on lui obéit aveuglément, malgré les pertes fréquentes qu'il occasionne.

Le seul avantage qu'on ne puisse refuser au javelage, c'est la facilité avec laquelle le grain se détache lors du battage, mais au prix de quel sacrifice n'achète-t-on pas ce mince dédommagement?

La récolte, une fois sèche, est mise en tasseaux ou en croix, puis en gerbières comme pour le seigle ; le dépiquage s'effectue également de la même manière que celle décrite en traitant du blé : presque partout l'avoine se bat au fléau.

Le rendement moyen de l'avoine diffère selon qu'il s'agit de la partie basse ou de la partie haute du département.

Dans l'arrondissement de Castres, la plaine
récolte de...................... 20 à 24$^{hect.}$ 00$^{lit.}$
(On sème 2 hectol. par hectare.)

Montagne.....
{ Vabre, Montredon ; semence, 1 hectol. 80 litr.
produit........ 12 à 15   00
Lacaune, semence, 3 h.
produit........ 12 à 14   00

Arrondissement de Lavaur, produit 20 à 22   00

Arrondissement (rive gauche du Tarn.... 12 ^{hect.} 95 ^{lit.}
  de Gaillac, (coteaux et rive droite, 22 à 24   00
Arrondissement d'Albi, partie montagneuse 12   50

Les avoines les plus estimées dans le département sont celles de Montredon et de Paulin; elles pèsent 54 kilogrammes l'hectolitre. Les bonnes avoines de la plaine ne pèsent pas plus de 5o kilogrammes. D'après un relevé de dix années, le prix moyen de l'avoine a flotté entre les chiffres suivants dans les quatre arrondissements :

ARRONDISSE-MENTS.	1834.	1835.	1836.	1837.	1838.	1839.	1840.	1841.	1842.	1843.
Albi.	9ᶠ 30ᶜ	8ᶠ 90ᶜ	11ᶠ 20ᶜ	9ᶠ 95ᶜ	8ᶠ 70ᶜ	9ᶠ 95ᶜ	8ᶠ 95ᶜ	9ᶠ 00ᶜ	10ᶠ 05ᶜ	10ᶠ 50ᶜ
Castres. . . .	8 00	7 75	10 25	9 35	9 00	9 50	8 75	8 75	10 00	10 50
Gaillac . . .,	8 40	8 90	10 35	11 10	8 90	10 20	10 20	9 00	10 00	10 00
Lavaur. . . .	ıı	ıı	ıı	ıı	ıı	ıı	ıı	ıı	ıı	ıı

L'avoine, dans l'arrondissement de Castres, est quelquefois semée en guise de fourrage ; on la coupe quand les panicules sont développées et avant l'apparition de la fleur. Souvent, après avoir fait manger une partie de la récolte en vert, on fane le reste pour servir de nourriture d'hiver : la qualité de ce fourrage est fort appréciée.

16.

ORGE.

L'orge ne doit figurer que pour mention dans la nomenclature des plantes agricoles du Tarn. Elle n'a pas de place déterminée dans les assolements ; tantôt on la sème après un blé, tantôt dans la sole du maïs, d'autrefois sur la jachère ; de loin en loin, sur un défriché de vieilles prairies. Tous les classements sont regardés comme indifférents pour une plante destinée à servir de fourrage de printemps et qui, partant, doit être coupée en vert.

Dans la montagne, lorsque l'orge a belle apparence au printemps, on se laisse souvent tenter par l'espérance d'un bon rendement en grain ; elle trouve alors grâce devant la faux pour tomber quelques mois plus tard sous la faucille. L'orge à quatre rangs et surtout celle à six rangs sont les espèces préférées pour semer avant l'hiver. La terre est préparée par un ou deux labours ; quelquefois elle reçoit du fumier, le plus souvent on réserve l'engrais pour d'autres récoltes. Les semailles ont lieu dans le courant d'octobre dans la proportion de 2 hectolitres par hectare ; on enfouit à l'araire. Le fourrage se coupe dans le mois d'avril. Quand on laisse l'orge venir en grains, on la récolte vers le 20 juin ; elle donne de 20 à 22 hectolitres par hectare. L'orge fauchée en vert passe pour le meilleur des fourrages ; elle influe d'une manière sensible sur la qualité du lait des vaches et des brebis.

Il est rare qu'on ensemence plus d'un hectare en orge, même dans les exploitations de 30 à 40 hectares.

MAÏS.

Le maïs, communément désigné sous le nom impropre de *millet,* exerce une grande influence sur l'agriculture du département ; c'est la plante de prédilection du métayer, qui lui emprunte sa nourriture favorite ; c'est le pivot de la rotation biennale, elle est encore une des bases de l'alimentation du bétail pendant l'été. L'époque des semailles du maïs arrivée, tous les bras lui appartiennent exclusivement; en vain le blé, les fèves, l'avoine, envahis par les mauvaises herbes, réclament-ils un sarclage immédiat, le maïs doit passer avant tout; les travaux les plus urgents sont ajournés jusqu'à ce qu'il soit mis en terre. A l'abandon complet dans lequel on délaisse les autres cultures, il semble qu'il n'y ait pas de salut pour le cultivateur en dehors de cette récolte. Dans l'assolement, même privilége; le propriétaire essayerait inutilement d'éloigner son retour, il faut que le maïs succède invariablement au blé et remplisse la sole accoutumée. La récolte suivante s'en ressentira, n'importe; l'honneur du métayer est attaché à cette plante; à ses yeux, la valeur du domaine s'estime d'après l'étendue du terrain consacré au maïs; restreindre sa culture, c'est porter atteinte à la propriété, c'est compromettre ceux qui l'exploitent. Des métayers, jaloux de leur réputation, ne sauraient travailler qu'avec répugnance sur un bien où le maïs est aussi mal apprécié.

Cet engouement général des praticiens pour le maïs est loin cependant de se justifier par les faits. Ici la plante n'est point en cause. Sans rien préjuger de ses propriétés épuisantes, on ne peut nier qu'elle n'exige un bon sol et des soins multipliés, mais aussi elle est généreuse dans ses produits quand on la traite convenablement; elle offre, en outre, d'autres avantages importants que ne balancent pas d'autres récoltes; d'où vient donc le mal? Disons-le franchement, les torts sont au cultivateur, qui, par habitude ou entraînement, place le maïs dans de mauvaises conditions d'assolement, dans des sols trop appauvris ou trop légers, ne le fume pas ou le fume avec parcimonie et lui sacrifie le trèfle, la luzerne, le sainfoin beaucoup plus importants dans l'état actuel de son agriculture. Voilà pourquoi le maïs nous semble une plante désastreuse pour la plupart des propriétaires du Tarn; elle réagit sur le système entier de culture et l'enchaîne à une rotation qui, loin d'accroître la fertilité du sol, maintient à peine l'équilibre entre ses forces et la production.

Le maïs, sous le climat du Midi, quand on ne peut profiter du bienfait de l'irrigation, demande une terre forte, profonde, qui conserve la fraîcheur. Ces conditions existent dans les sols argilo-siliceux-calcaires de l'arrondissement de Castres, sur les coteaux argilo-calcaires de l'arrondissement, de Lavaur et de Gaillac, dans la riche plaine de Gaillac et d'Albi; malheureusement, la culture du maïs n'est pas renfermée dans ces limites; beaucoup de boulbènes et plus d'une terre lise (sol argilo-siliceux et siliço-argileux) de médiocre fécondité, sont aussi condamnées à porter cette récolte tous les deux ou trois ans.

La sole destinée au maïs est ordinairement préparée par deux ou trois labours dans les terrains compactes; le premier se donne en hiver avec la mousse, les deux autres s'effectuent au printemps avec l'araire. Le plus souvent, au lieu d'employer la charrue, on recourt au pelleversage; il a lieu généralement en hiver ou au premier printemps; la bêche pénètre à 27 centimètres de profondeur. Après ce travail, on se contente de passer l'araire au moment même des semailles. A Rabastens les fermiers ne sèment jamais le maïs que sur un terrain pelleversé; cette condition leur est généralement imposée par les propriétaires.

Le fumier est rarement appliqué au maïs, on le réserve pour le blé; un petit nombre de propriétaires fument directement la récolte sarclée. Les menues cultures dont elle est l'objet pendant sa végétation favorisent la levée des plantes parasites, et détruisent les mauvaises herbes dont le fumier recèle la semence; ils obtiennent ainsi des blés très-propres : leur exemple devrait être imité.

Deux variétés principales de maïs sont cultivées dans le Tarn : la variété blanche et la variété jaune. On fait encore une distinction entre le grand et le moyen maïs; toutefois, ces deux derniers se fondent trop rapidement l'un dans l'autre pour constituer des types différents.

Le maïs jaune est généralement préféré par les cultivateurs du Tarn; il est moins feuillu que le blanc, mais il rend davantage en grains; le blanc ne se sème guère que pour fourrage. Dans le canton de la Bruguière, on trouve qu'il s'accommode mieux des terres légères que l'autre variété; il est plus précoce que le jaune, donne une farine plus blanche, mais sa pellicule est moins fine. D'après quelques propriétaires, le maïs blanc serait plus productif, mais on préférerait le maïs jaune à cause de sa précocité et de la saveur particulière de son grain réduit en farine. A Salvagnac, dans les ménages, on mêle souvent la farine du maïs à celle du blé ou du seigle dans la proportion de 25 litres de maïs pour un hectolitre de blé.

La semence ne subit aucune préparation; les cultivateurs les plus soigneux se bornent à rejeter les grains du sommet de l'épi comme étant moins nourris que les autres; la semence est toujours tirée de la dernière récolte.

L'époque des semailles, sauf les circonstances exceptionnelles qui viennent la déranger, coïncident presque partout avec la dernière quinzaine d'avril et les quinze premiers jours de mai; les pluies ou une sécheresse prolongée, comme celle qui a régné au printemps de cette année (1844), forcent quelquefois de renvoyer les semailles à la fin de mai; c'est un simple retard, le maïs n'en vient pas moins à maturité.

On sème sur labour frais. L'araire ouvre le sillon; des femmes, portant la semence dans un panier ou dans leur tablier, suivent le laboureur et laissent tomber, sans se baisser, un ou deux grains dans la raie; chaque jet de semence est séparé de l'autre par un intervalle de 15 centimètres environ; on recouvre à l'araire et des ouvriers complètent l'opération en brisant les mottes à la surface. Dans certaines localités, au lieu de laisser le terrain à plat lors de l'ensemencement, on le dispose en billons avec une charrue à deux versoirs. Deux raies sont adossées l'une contre l'autre; dans le vide qui sépare chaque billon on jette la semence; une partie de la crête des billons sert à recouvrir le grain. Après l'ensemencement, le sol présente l'aspect d'un terrain relevé en billons dont les arêtes sont émoussées; on estime qu'il faut environ 25 à 30 litres de maïs pour ensemencer un hectare en lignes.

L'espace qui sépare les rangées de maïs est loin d'être partout le même. Dans le canton de Lavaur, les lignes sont à 81 centimètres de distance; dans celui de Graulhet, à 76 centimètres, les pieds sont à 65 centimètres les uns des autres; à Salvagnac, l'écartement est de 60 centimètres en tous sens; dans la plaine de Gaillac et d'Albi, les lignes sont à un mètre; à Castelnau-de-Montmiral, à 50 centimètres.

A Castres, beaucoup ne laissent qu'un intervalle de 48 à 54 centimètres entre les lignes et 27 centimètres seulement entre les pieds. En général, tous les métayers ont une tendance invincible à rapprocher le plus possible les lignes et les pieds du maïs, d'après la conviction que la récolte est d'autant plus abondante que les pieds de maïs sont plus nombreux. Ce préjugé règne dans toutes les localités; il est tellement enraciné dans l'esprit des métayers et des maîtres-valets, que chaque année les propriétaires sont obligés de renouveler leur recommandation, ou, pour mieux dire, d'entrer en lutte pour que le maïs soit suffisamment espacé; rarement ils sont obéis.

L'écartement adopté dans la plaine de Gaillac (1 mètre dans un sens et 50 centimètres dans l'autre) satisfait à toutes les conditions exigées pour que la houe à cheval et le butoir puissent fonctionner librement dans ces intervalles.

Quand le maïs est parvenu à 13 ou 16 centimètres de hauteur, il est d'usage de lui donner un binage à la main et d'éclaircir les pieds trop serrés. Les bons cultivateurs attachent une grande importance à ce que cette opération soit effectuée aussitôt que possible. Dans le cours de la végétation, on donne une façon à la main ou à l'araire dans l'intervalle des lignes ; on butte ensuite dès que le maïs est arrivé à 40 centimètres d'élévation. Ce travail s'exécute en une seule fois ; il a lieu avec la pioche dans la petite culture, avec la charrue dans les métairies d'une moyenne étendue. Nulle part le binage et le buttage n'ont lieu avec la houe à cheval et le butoir ; ces instruments cependant apporteraient une grande promptitude et une économie notable dans les façons; ils les rendraient plus faciles et plus parfaites; on pourrait surtout, avec leur secours, opérer à propos, ce qui est rarement possible quand on agit avec la charrue seule.

La floraison du maïs arrive ordinairsment dans le courant d'août. On attend, pour étêter, que les fleurs femelles soient complétement flétries; la fécondation est alors opérée. Les panicules se coupent à 8 centimètres environ au-dessus de l'épi terminal. C'est encore dans ce mois qu'on enlève les rejets au pied de la plante pour ne laisser qu'une ou deux tiges principales; il vaudrait mieux, suivant nous, opérer ce retranchement plus tôt, on empêcherait ainsi le maïs de s'épuiser en pousses inutiles, et les pieds mères s'en trouveraient d'autant plus fortifiés. Dans beaucoup de cantons, le châtrage du maïs est totalement négligé.

Les panicules retranchées après l'émission du pollen et la fécondation des pistils fournissent une excellente nourriture pour le bétail ; une partie est consommée en vert, l'autre est fanée, liée en paquets, engrangée et donnée à l'automne jusqu'au commencement de l'hiver. Les panicules d'un hectare de maïs sont évaluées 20 francs.

La maturité des épis est complète dans les derniers jours de septembre ou dans la première semaine d'octobre. On aime assez qu'ils aient essuyé une légère gelée avant d'être détachés de la tige. Beaucoup de cultivateurs effeuillent la récolte quinze jours avant de cueillir les épis : cette pratique a pour but de hâter la maturité des grains. Suivant les localités, on coupe d'abord le maïs rez terre avec la faucille ou la serpe ; la récolte est transportée sur l'aire ; là, on détache les épis, on les *dérobe* et l'on dresse ensuite les tiges en tas. Les feuilles des tiges, ainsi que l'enveloppe des épis, sont mises à part pour servir de nourriture au bétail ; les tiges sont employées à chauffer le four.

Dans la plaine de Gaillac, on casse les épis dans le champ même de maïs, les tiges sont ensuite arrachées à la main. Il est d'usage, dans le canton de Rabastens, de *râcler* la récolte, c'est-à-dire de renverser les buttes quelque temps avant de faire la cueillette des épis; cette opération a pour objet de donner une première culture au sol et de le disposer pour la céréale d'automne; elle est en vigueur dans toutes les métairies où l'on suit l'assolement biennal blé et maïs. Quand le travail est achevé, le terrain présente une surface plane et les racines du maïs se trouvent à fleur de terre ; on croit qu'ainsi dénudées, elles reçoivent plus efficacement l'influence du soleil, et, par suite, que la maturité se trouve avancée de quelques jours.

Les épis, après avoir été dépouillés de leurs tuniques, restent étendus au soleil sur l'aire pendant quatre ou cinq jours. Cette pratique, cependant, n'est pas générale; on devrait l'adopter partout; elle contribue à la conservation du grain et lui donne meilleure apparence pour la vente. La récolte est déposée dans les greniers; ceux qui sont garnis de planches sont préférables aux planchers carrelés qui retiennent toujours plus ou moins d'humidité sous les épis. Chez quelques propriétaires, mais par exception, le grenier est disposé à claire-voie pour recevoir le maïs: celui-ci, recevant l'air de toutes parts, s'y conserve parfaitement. Les couches de maïs sont très-sujettes à s'échauffer quand elles sont trop épaisses: en général, on conseille de ne pas leur donner plus de 54 centimètres d'épaisseur. On a soin de retourner les tas tous les deux ou trois jours pendant le premier mois de l'engrangement.

L'égrainage du maïs est une occupation réservée pour les soirées de l'hiver. Dans certains cantons, c'est un motif de réunion entre les cultivateurs; on s'entr'aide volontiers pour ce travail. Il s'exécute généralement à l'aide d'une barre en fer contre laquelle on presse fortement l'épi, en le faisant glisser transversalement. Lorsque cet égrainage a lieu à prix fait, il revient à trente centimes par hectolitre. Dans le *Castrais,* on bat le maïs sur des claies de 1 mètre de largeur sur 3 mètres de longueur. Ces claies, faites avec des baguettes de houx, sont assez rapprochées pour retenir l'épi ; elles ne laissent passer que le grain. Quatre hommes peuvent ainsi battre et vanner 25 hectolitres de maïs dans leur journée.

Dans les *Cambons,* sur les rives du Tarn, entre Albi et Milhau, on associe fréquemment la culture du haricot à celle du maïs. Cette double récolte ne s'obtient que dans les terrains d'exception.

Le rendement du maïs est généralement très-faible dans le département. Les meilleurs fonds de Rabastens donnent 30 hectolitres par hectare ; dans la plaine de Gaillac, le rendement moyen s'élève de 20 à 25 hectolitres ; à Lavaur, Briatext, et même dans les excellents sols argilo-siliceux calcaires de l'arrondissement de Castres, on n'obtient pas plus de

16 à 18 hectolitres dans les années ordinaires; un produit aussi faible est la critique la plus amère de la culture du maïs dans le Tarn.

D'après un relevé des mercuriales, pendant ces dix dernières années, le prix de l'hectolitre de maïs s'est établi ainsi qu'il suit dans les quatre arrondissements :

ARRONDISSE-MENTS.	1834.	1835.	1836.	1837.	1838.	1839.	1840.	1841.	1842.	1843.
Albi......	8f 25c	10f 15	14f 50c	11f 45c	11f 65c	14f 40c	13f 40c	9f 50c	10f 65c	12f 35c
Castres....	8 00	8 45	14 05	10 35	12 10	14 05	13 25	8 75	9 00	12 00
Gaillac....	13 35	9 90	13 60	14 40	12 00	13 95	16 50	12 00	12 00	15 00
Lavaur....	7 15	7 60	13 30	10 15	10 45	13 70	12 50	7 50	8 75	11 00

La farine de maïs est surtout employée à faire une espèce de bouillie connue dans le pays sous le nom de *millas*. Les métayers et les valets tiennent beaucoup à ce mets ; il forme une partie de leur nourriture habituelle.

MAÏS-FOURRAGE.

Le maïs se cultive aussi comme fourrage dans la plupart des métairies, mais il n'y occupe qu'une place très-restreinte ; rarement on lui consacre plus d'un hectare dans les exploitations de moyenne étendue.

Le maïs blanc est la variété qu'on affecte de préférence à cette destination. On sème du 15 avril au 15 mai. Les lignes sont espacées à 50 centimètres les unes des autres ; les plantes se touchent presque dans la ligne. Le maïs-fourrage ne reçoit qu'un seul binage ; on le coupe lorsque les panicules commencent à se développer. C'est le meilleur de tous les fourrages verts. Tous les animaux le recherchent avec avidité, mais il est très-épuisant.

L'espèce commune (*polygonum fagopyrum*), la seule connue dans le Tarn, n'est cultivée en récolte principale que dans la partie montagneuse au sud et à l'est du département. Tantôt elle occupe la sole de jachère, tantôt elle succède au seigle ; quelquefois aussi elle précède la céréale, mais on n'aime pas cette rotation, parce que le sol, ne pouvant être libre avant les premiers jours d'octobre, on est obligé alors de faire la semaille du seigle dans une saison trop avancée.

Le sarrasin se plaît dans les terres siliceuses qui se laissent facilement échauffer. Pour cette plante, le sol reçoit deux ou trois labours ; lorsqu'elle doit être suivie d'un seigle, on lui applique l'engrais ; la céréale, dans ce cas, vient sans fumure. On sème généralement du 10 au 15 juin dans la montagne ; on répand 60 litres par hectare ; un coup d'araire enfouit la semence. On aime que le sarrasin reçoive une pluie au moment de sa levée, afin qu'il prenne un développement rapide et se défende plus efficacement contre la sécheresse. Pendant sa végétation, le sarrasin ne demande aucune façon : une fois placé dans une terre meuble et en bon état d'engrais, il faut l'abandonner à lui-même ; sa réussite dépend entièrement de la température plus ou moins favorable de l'année. Dans le Tarn, il est exposé à trois fléaux qui compromettent souvent la récolte : le vent d'autan souffle-t-il pendant quelques jours, les feuilles du sarrasin se flétrissent, sa tige se dessèche, il périt comme s'il avait été brûlé ; les pluies tenaces au moment de la floraison du sarrasin déterminent la coulure et le font verser ; enfin, les gelées tardives ou précoces lui sont funestes : sa réussite est donc très-chanceuse. Lorsque sa végétation a été favorisée par une température alternativement chaude et humide, il n'est pas rare de le voir atteindre 1 mètre d'élévation. La récolte a lieu du 25 septembre au 15 oc-

tobre ; on coupe le sarrasin à la faucille. Suivant les localités, il reste un ou deux jours
étendu sur le sol ; dans certains cantons on
fait mieux , on le dispose par petits tas de
5o centimètres de diamètre, les têtes entrelacées les unes dans les autres. Le seul inconvénient de cette méthode est d'exposer la récolte à être enlevée et roulée par le vent, pour
peu qu'il souffle avec force. Il vaudrait mieux
faire de petites meules coniques de 3 ou 4
mètres de circonférence sur 1 mètre 5o centimètres de diamètre, en ayant soin de termi-
ner les meules en pointe et de les couvrir d'un
surtout en paille, si l'on craignait le mauvais
temps. Ainsi abritée, la récolte est complétement préservée de la pluie ; elle acquiert beaucoup de qualité par la fermentation qu'elle
éprouve en cet état. Dans les contrées exposées
à des vents violents, il serait prudent de fixer
le surtout à la meule, au moyen d'un lien en
paille.

Le sarrasin, après avoir subi une dessiccation préparatoire, est porté sur l'aire pour être battu au fléau. La paille est employée fraîche et sert de litière ; nulle part on ne la donne comme fourrage aux bêtes à cornes.

Le produit du sarrasin est trop variable et trop indépendant du mode de culture auquel la plante a été soumise, pour qu'il soit possible de déterminer son rendement moyen ; quelquefois elle ne paye pas les frais du faucillage ; dans certaines années, elle rend considérablement.

Le sarrasin, dans l'esprit d'un grand nombre de cultivateurs de la montagne, passe pour très-épuisant. Suivant nous, cette opinion est erronée ; elle tient sans doute aux mauvais résultats qu'on obtient lorsqu'on fait succéder le seigle au sarrasin ; mais, dans ce cas, le retard apporté aux semailles du seigle, qui veut impérieusement être mis en terre de bonne heure dans les contrées sujettes à des froids précoces, ne serait-il pas la vraie cause du faible rendement du seigle, plutôt

que le prétendu épuisement occasionné par
le sarrasin? On sait que cette plante tire sa
principale nourriture de l'atmosphère; si l'engrais qu'on lui a appliqué ne profite pas à la
céréale qui la remplace, c'est que celle-ci ne
s'est pas trouvée dans les conditions requises
pour sa réussite. Le sarrasin reste, il est vrai,
l'une des principales causes de l'insuccès;
mais c'est parce qu'il a occupé trop longtemps
le sol, et non parce qu'il l'a épuisé : cette
vérité ne saurait être contestée en présence
des faits nombreux qui prouvent que le sarrasin prospère dans les sols les plus pauvres,
quand sa végétation rencontre une température favorable.

Nulle part, dans le département, on n'enfouit le sarrasin en guise de fumure verte;
cette plante, semée dans ce but, rendrait
de grands services dans un pays où la pénurie des engrais est un mal généralement
reconnu.

RÉCOLTES-RACINES.

La pomme de terre est la seule récolte-racine dont se soit enrichie l'agriculture du Tarn. Les navets renommés de Lacaune n'entrent point dans les assolements ; c'est un produit du jardinage que les petits cultivateurs exploitent, pour ainsi dire, en monopole ; ils ne lui consacrent que quelques ares de prés écobués qu'on remet en herbe l'année suivante. Les navets sont exclusivement destinés à la consommation des ménages.

POMMES DE TERRE.

La culture de la pomme de terre est communément restreinte à une petite étendue de terrain, dans les métairies des arrondissements d'Albi, Gaillac et Lavaur, ainsi que dans la partie basse de l'arrondissement de Castres ; elle y trouve sa place à côté du maïs, des fèves et des haricots, qui occupent la sole des plantes sarclées de l'assolement biennal ou triennal. Dans le vallon de Saint-Amans, la montagne Noire, le Sidobre, les cantons d'Alban, de Montredon, Vabre, Brassac, Anglès, Lacaune, Valence, Valde-riès, Pampelonne, la pomme de terre joue un rôle plus important; elle concourt, pour une part assez large, à l'alimentation usuelle des monticoles, et s'ajoute, en petite quantité, aux récoltes fourragères destinées au bétail.

L'importation de la pomme de terre dans le Tarn date de l'année 1765; elle est due aux généreux efforts d'un évêque de Castres, M. de Barral.

« A peine de retour de sa première tournée pastorale, » nous dit M. A. Combes, l'historien de cet illustre prélat, « il envoya demander au Dauphiné, son ancienne patrie, la semence de cette plante encore peu connue, et contre l'usage de laquelle s'élevaient des préventions superstitieuses. En effet, il y a quatre-vingts ans, si l'on ne répétait plus que la pomme de terre était susceptible d'engendrer la peste, on croyait généralement qu'elle pouvait devenir la cause de fièvres dangereuses, et que sa culture avait pour résultat d'appauvrir à jamais le terrain.

« Le premier soin de Jean-Sébastien de Barral se porta sur les moyens de détruire ce double préjugé. Pour cela, il adressa de nombreuses instructions à tous les prêtres de son diocèse ; il leur démontra les propriétés véritables du précieux végétal, dont il leur imposa, par mandement, la propagation, comme un devoir sacré ; il les sollicita d'obtenir des propriétaires riches l'abandon momentané d'une certaine quantité de tènements en friche, afin que le pauvre, y cultivant sa provision de pommes de terre, les restituât immédiatement, engraissés de son travail et propres à recevoir une récolte de céréales. Il rendit enfin chaque curé dépositaire et distributeur gratuit des semences fournies, pendant plusieurs années, par les montagnes du Dauphiné. »

Les terres lises (sols siliceux) sont celles qui donnent les pommes de terre de meilleure qualité; les boulbènes fortes (sols argilo-siliceux) et les terres d'alluvion fournissent les récoltes les plus abondantes.

La variété la plus répandue dans le département est la pomme de terre jaune, caractérisée par sa peau rugueuse et ses germes enfoncés; vient ensuite la blanche, à peau fine, unie, plus tardive que la variété jaune et plus productive; ses tubercules sont plus nombreux, mais moins gros et moins nutritifs. Dans certaines communes, on en cultive encore une troisième variété violette, recommandable seulement par sa précocité.

Les modes divers de culture adoptés dans chaque localité offrent des distinctions assez tranchées.

Dans la partie basse du département, la pomme de terre succède souvent au blé; dans la partie haute, au nord et à l'est, elle vient à la suite du seigle; dans les *cambons* des rives du Tarn, et notamment à Ambialet, on la cultive, sans fumure en seconde récolte, après le froment ou le lin ; dans la montagne du Sidobre, elle occupe parfois la sole de jachère ; sur certains points de la montagne Noire, on la plante de préférence sur écobuage : elle donne alors des produits considérables.

Le terrain destiné à porter des pommes de terre se prépare par deux ou trois labours, exceptionnellement par un seul. A Castelnau-de-Montmiral et dans d'autres cantons, il arrive souvent qu'on bêche le sol et qu'on l'émotte pour cette récolte. Quelques-uns fument directement, le plus grand nombre s'en dispense, préférant appliquer l'engrais à la céréale qui suit.

Dans la plaine, les pommes de terre se plantent en avril et en mai ; dans la montagne, la plantation se prolonge jusqu'à la fin de juin ; dans les vallons, elle a lieu du 15 avril au 15 mai ; dans le canton de Valdériès, la dernière quinzaine de mai est regardée comme la meilleure époque pour planter les pommes de terre.

Le choix de la semence est très-négligé dans beaucoup de cantons du département ; non-seulement on ne la renouvelle pas, mais beaucoup de cultivateurs sont dans l'usage de couper en trois ou quatre morceaux les tubercules dont la grosseur excède celle d'une noix ; toutefois, ce n'est encore là que le moindre des vices de la semence. Au printemps, quand on la tire des silos, elle est hérissée de longues tiges étiolées ; on l'étend au soleil pour qu'elle se ressuie ; on casse les germes et on porte ensuite les tubercules, sur des planches, dans une pièce de la métairie. A quelques jours de là, le principe vital se met de nouveau en mouvement, sous l'influence d'une température tiède ; les germes s'allongent ; on les brise derechef, et c'est après qu'elle a subi ce double affaiblissement, que la semence est confiée à la terre. Comment, avec de tels procédés, s'attendre à de bons résultats ? Évidem-

ment on ne peut récolter que des tubercules
rares et chétifs. N'est-ce pas à cette semence
épuisée qu'il faut attribuer la dégénérescence
dont on se plaint depuis plusieurs années dans
la montagne, dégénérescence qui s'explique-
rait encore par le retour trop fréquent de la
pomme de terre, par le non-renouvellement
de la semence, par des labours trop super-
ficiels, une fumure parcimonieuse, le rapprochement excessif des plantes et la division
exagérée des tubercules? Ceux-ci, réduits à
un seul œil à peine approvisionné de fécule,
pourrissent souvent dans les années pluvieuses.
Suivant nous, on remédierait à ces inconvénients, soit en se procurant de nouvelles variétés régénérées à l'aide du semis, soit en
tirant, de temps à autre, la semence de pays
où la pomme de terre a conservé toutes ses
qualités, en n'employant que des tubercules
de grosseur moyenne, dont on aurait pré-
venu la végétation anticipée par un bon mode
de conservation et qu'on placerait, à distances

convenables, dans un sol bien labouré et bien fumé.

La plantation s'effectue de deux manières : à la charrue et, plus généralement, à la houe à main.

La distance à laquelle on place les pommes de terre varie singulièrement. A Lavaur, dans la plaine de Gaillac, à Castres, dans le vallon de Saint-Amans, on réserve entre les lignes et entre les tubercules à peu près le même intervalle qu'on observe à l'égard du maïs; à Castelnau-de-Montmiral, les lignes sont à 1 mètre les unes des autres; les tubercules sont espacés à 5o centimètres. Dans la haute montagne, il en est autrement. Non-seulement toutes les raies sont complantées, mais les plantes sont tellement serrées les unes contre les autres (à 1 o ou 1 5 centimètres en tous sens), que les tiges ne peuvent que s'étioler et permettent à peine le travail à la main; on dirait des pommes de terre semées à la volée. Ce rapprochement vicieux contribue, sans nul doute, à épuiser fortement le terrain et à diminuer les produits; il est en vigueur notamment dans les cantons d'Anglès, de Lacaune et d'Alban. Dans la plaine, il n'est pas d'usage de faire passer la herse sur le champ de pommes de terre avant la levée des tubercules. Les cultivateurs de la haute montagne lui donnent, à cette époque, une première façon, à l'aide d'un fagot d'épines disposé en triangle; cela suffit, dans ces terres douces, pour contrarier la végétation des mauvaises herbes, ameublir le sol et faciliter ainsi la sortie des jeunes tiges. Ce procédé, rendu meilleur encore par l'adoption de la herse, convient d'autant mieux, qu'on a affaire à un terrain plus consistant; il serait très-utile pour rompre la croûte des sols argilo-siliceux, qui se durcissent si fréquemment.

Les pommes de terre, pendant leur végétation, reçoivent généralement un binage suivi, peu de temps après, d'un buttage. Ces façons s'exécutent, dans certaines localités,

avec la charrue, chez le plus grand nombre,
avec la houe à main ; on butte en une seule
fois, de la même manière que pour le maïs ;
quelques-uns s'en dispensent par négligence ;
d'autres buttent, mais ne binent pas.

La récolte s'effectue depuis la fin de septembre jusque dans la dernière quinzaine d'octobre ; l'usage le plus général est d'enlever les tubercules avec la pioche ou la houe à main ; dans plusieurs localités, on commence par faire passer l'araire au milieu des lignes de pommes de terre ; l'ouvrier pioche au-dessous de la couche remuée par la charrue, afin de ramener les tubercules à la surface du sol ; il les éparpille, en dégageant l'instrument : des femmes les ramassent pour les porter ensuite à la métairie.

Le plus fort rendement des pommes de terre ne dépasse pas, en moyenne, douze ou quinze fois la semence dans la partie basse du département ; dans la partie haute, on n'obtient communément que cinq ou six fois la semence.

Les modes de conservation en vigueur dans le Tarn consistent à mettre la récolte dans des caves, dans des étables ou bien dans des silos. Ces derniers sont creusés à 1 mètre de profondeur dans le sol.

Le prix courant des pommes de terre, dans les années ordinaires, est de 2 francs à 2 fr. 50 cent. l'hectolitre ; dans la montagne de Lacaune, les pommes de terre se vendent au poids : les 50 kilogrammes valent de 1 franc à 1 fr. 25 cent. Les pommes de terre, dans le Tarn, servent principalement à la consommation des ménages ; l'excédant de la provision est destiné à l'engrais de la paire de cochons que le métayer doit conduire au marché ; ce n'est que dans la montagne, et seulement encore par exception, qu'une partie de la récolte de pommes de terre est employée à la nourriture d'hiver des bêtes à cornes.

LÉGUMES.

La culture des légumes occupait, il y a

quelques années, un grand nombre de bras,
et donnait lieu à des exportations considérables; aujourd'hui, ce commerce a beaucoup
diminué, et, par suite, les cultivateurs du
Tarn ont restreint l'étendue des terrains pri-
mitivement consacrés à ces produits; les lentilles et les pois sont devenus des cultures
locales; les fèves et les haricots seuls ont conservé leur place dans la rotation.

LENTILLES.

Les excellentes terres de la commune d'Ambres ont à peu près le monopole de la culture
de cette plante dans l'arrondissement de Lavaur; on s'y livre encore avec succès dans les
communes de Monteils, Cahuzac-sur-Vère,
Francailles, Donazac, etc. Les lentilles succèdent ordinairement au blé; elles ne sont
pas fumées. Tantôt la terre est préparée par
deux labours à l'araire, tantôt on donne une
première façon à la bêche, en faisant pénétrer l'instrument à 27 centimètres de pro-

fondeur; la seconde façon a lieu avec l'araire.

Les semailles s'effectuent en novembre et décembre, rarement en janvier. On répand 1 hectolitre environ par hectare, en plaçant la semence en lignes espacées de 32 centimètres; on ne donne qu'un seul binage à la main; il s'effectue dans le courant de mai.

La récolte arrive dans la dernière quinzaine de juillet, alors que la moisson est presque terminée. On arrache les lentilles à la main, un peu sur le vert, afin qu'elles gardent leur couleur; une fois séparées du sol, on les laisse sécher dans le champ, la racine tournée en l'air; elles restent quatre ou cinq jours dans cette position. Lorsque la dessiccation est suffisamment achevée, on porte la récolte sur l'aire pour la dépiquer au fléau; ensuite on la dépose dans un grenier, où on l'étend par couches légères, en ayant soin de la remuer souvent; huit jours après, on met les lentilles en sac et on les introduit, posées sur des planches, dans le four, six heures après en avoir retiré le pain. Cette opération a pour but de faire périr les insectes et de conserver à la graine la couleur verte qui la fait rechercher dans le commerce. Pour apprécier le degré de chaleur que doit avoir le four pour cette opération, on applique la main entre la voûte et l'âtre du four; si la main supporte la température, c'est l'indice que le four est au degré convenable pour recevoir les lentilles. Un thermomètre fournirait un indice plus certain. Plusieurs personnes remplacent l'action du four par celle de l'eau bouillante; mais ce procédé a l'inconvénient de faire rider la graine. M. Marty, excellent cultivateur de la commune d'Ambres, suit une méthode particulière de dessiccation. Il place ses lentilles dans un sac; celui-ci est étendu sur un clayon en osier de 1 mètre 5o centimètres de longueur sur 6o centimètres de largeur; la chaleur arrive ainsi plus facilement jusqu'aux lentilles que lorsqu'elles reposent sur une planche. Le sac contenant les lentilles ne doit pas avoir plus de 10 à 13 centimètres d'épaisseur. On l'introduit dans le four chauffé à la température voulue; il y reste pendant un ou deux jours, et, dans ce laps de temps, on le retourne deux fois en vingt-quatre heures. Le four doit être hermétiquement fermé pendant l'opération; sa chaleur n'altère pas la faculté germinative de la graine.

Le produit des lentilles est très-casuel : au moment de la floraison, s'il survient un brouillard suivi d'un coup de soleil ardent, la fleur *se roule en boule* et ne noue point; on perd souvent de cette manière une partie de la récolte. Bien réussie, elle ne rend plus aujourd'hui que 12 hectolitres par hectare; on en retirait autrefois jusqu'à 20 hectolitres. Ce déficit reconnaît sans doute pour cause l'abus qu'on a fait des lentilles en les faisant revenir trop souvent sur le même terrain. Les 120 litres se vendent, année ordinaire, 48 francs.

POIS.

La culture des pois embrasse une circons-
cription plus étendue que celle des lentilles ;
on la rencontre dans beaucoup d'exploitations,
mais seulement comme objet d'alimentation
pour le propriétaire ou le métayer. La commune d'Ambres est renommée pour les pois
verts séchés qu'elle fournit au commerce.

C'est dans la sole des plantes sarclées suc-
cédant au froment qu'on place ordinairement
les pois. On prépare le terrain par une ou
deux cultures à l'araire ; la première se donne
quelquefois à la bêche ; rarement, on fume
pour cette récolte. On sème en novembre, décembre, et surtout en février. Cette dernière
époque est préférée pour la semaille des
pois verts. La graine est jetée à la main dans
le sillon ouvert par la charrue et recouverte
par la raie suivante ; on n'ensemence que de
deux raies l'une, de manière à réserver entre
chaque ligne un espace de 40 à 45 centimètres.

L'araire est l'instrument choisi pour cette opération. Lorsque le terrain a été labouré par
sillons formant ados, séparés entre eux par
une raie ouverte, on sème dans cette raie et
l'on recouvre la graine en fendant l'ados ou
matras. Un labour ainsi exécuté présente l'aspect suivant:

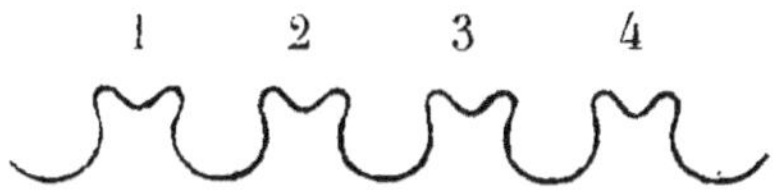

En fendant l'ados n° 1, on recouvre à la fois
la première et la seconde raie; l'ados n° 3
sert à recouvrir la troisième et la quatrième
raie de semence.

Les pois ne reçoivent qu'un seul binage
à la main, dans le cours de la végétation.
Les métayers cueillent les gousses au fur
et à mesure des besoins de la consommation
du ménage. Dans la commune d'Ambres,
pour récolter les pois, on n'attend pas que
le grain soit complétement mûr, on coupe
avec la faucille alors qu'il est encore vert, on

laisse en javelle sur le sol pendant quatre ou cinq jours ; on dépique au fléau sur l'aire, on transporte ensuite les pois au grenier ; là, on les remue avec soin pendant la première semaine, et, quand ils ont perdu une partie de leur eau de végétation, on les passe au four de la même manière que pour les lentilles. On évalue à 12 hectolitres le rendement moyen d'un hectare en pois ; l'hectolitre se vend, année commune, 24 à 30 francs.

FÈVES.

La culture de la fève est très-répandue dans le département ; fraîche, elle fournit à la provision du ménage du propriétaire et des gens de l'exploitation ; sèche, elle devient un objet de commerce. Le bétail n'en reçoit qu'une très-faible quantité, encore que ce grain soit le plus nourrissant et le plus économique qu'on puisse lui faire consommer. On retrouve cette culture dans toutes les métairies soumises à l'assolement biennal ou triennal.

Les fèves viennent, de préférence, dans les terrains profonds qui contiennent une certaine quantité de carbonate de chaux; elles réussissent particulièrement sur les coteaux argilo-calcaires de l'arrondissement de Lavaur et dans les plaines de Rabastens, Lisle et Gaillac. La grande fève est la seule variété cultivée; on la sème partout avant l'hiver.

On prépare le sol par deux labours. Le fumier est généralement appliqué consommé; on l'enfouit toujours avant de mettre la semence en terre; beaucoup se dispensent de fumer pour cette plante. Les semailles ont lieu en octobre; chez quelques-uns, dès la fin de septembre; le plus souvent, en novembre, après les semailles du blé. On répand la semence en lignes derrière la charrue, dans la proportion de 150 à 200, rarement 300 litres par hectare. Tantôt on n'ensemence qu'une seule raie sur deux; tantôt les lignes se trouvent à 25 centimètres, quelquefois à 40 centimètres les unes des autres, comme à Gaillac et à Lisle. La distance la meilleure est celle qui permet aux instruments de fonctionner dans l'intervalle des lignes : 64 centimètres d'écartement laissent un passage suffisant à la houe à cheval et au buttoir. Dans quelques métairies on réserve un intervalle d'un mètre entre les lignes ; celles-ci comptent deux rangées de fèves placées immédiatement l'une près de l'autre.

En général, les menues cultures se donnent à la main dans le courant de mars ; la plupart du temps elles sont faites avec beaucoup de négligence, aussi les fèves sont-elles le plus souvent remplies de mauvaises herbes Presque partout on semble les traiter comme une récolte secondaire, tandis qu'en leur qualité de plante préparatoire pour le froment, elles devraient jouer un rôle très-important dans les terres fortes du département.

Quelques personnes sont dans l'usage de plâtrer les fèves, ainsi que les plantes four-

ragères appartenant à la famille des légumi-
neuses ; elles répandent au printemps 3 hectolitres de plâtre par hectare. D'après M. le
baron Ch. de Rivières, le plâtre ne paraîtrait
pas augmenter le produit en grains ; mais les
fèves, stimulées par cet engrais, sont plus vertes,
plus vigoureuses, elles ombragent davantage
le terrain, et le blé qui suit est beaucoup plus
beau. Pendant leur végétation, les fèves sont
sujettes à deux maladies qui rendent la récolte
très-casuelle : l'une est la rouille, l'autre est
l'épuisement de la plante occasionné par la
piqûre des pucerons. Le développement rapide des fèves est le seul remède à opposer
à ce dernier fléau.

La récolte a lieu vers le commencement
de juillet, après la moisson des céréales. Généralement on arrache les tiges et on les laisse
javeler plus ou moins longtemps sur le sol,
jusqu'à ce que la dessiccation soit complète.
A Rabastens, on suit une meilleure méthode.
Au lieu d'étendre les fèves sur terre, on les

lie en petites bottes, on place l'une d'elles
debout et l'on range circulairement les autres
autour de ce point central. Les fèves, traitées de cette manière, conservent toute leur
qualité et laissent un passage libre aux instruments aratoires. Suivant l'état de la température, on laisse plus ou moins longtemps la
récolte dans les champs. Ordinairement sa
dessiccation est complète dans l'espace de
deux ou trois jours, à compter du moment de
l'arrachage ; on la porte alors sur l'aire, et,
dans beaucoup de localités, c'est par elle
qu'on commence le dépiquage ; il a lieu au
fléau.

Le rendement des fèves est très-casuel.
Dans le Tarn, il est réduit à un chiffre très-
minime, par suite du peu d'attention qu'on
donne à cette culture : beaucoup n'ont que
cinq fois la semence ; d'autres obtiennent
15 hectolitres par hectare, et 20 hectolitres
lorsque l'année est très-favorable. Ces produits
seraient bien supérieurs, si l'on fumait con-

venablement les fèves, si l'on n'épargnait pas les binages et surtout s'ils étaient exécutés avec soin.

L'hectolitre de fèves vaut de 11 à 12 francs, année commune.

HARICOTS.

Les principales cultures de haricots se rencontrent à Saint-Sulpice, dans l'arrondissement de Lavaur, et dans toute cette langue de terre qui borde la rivière du Tarn, depuis Mezen jusqu'à Rabastens et Lisle d'Albi ; on les retrouve encore assez étendues près de Carmaux, dans les terrains chaulés ; le long de la route d'Albi à Réalmont, et dans beaucoup de communes de l'arrondissement de Castres. Les haricots occupent le sol conjointement avec les autres récoltes sarclées de l'assolement biennal et triennal.

Les terres légères, douces, mêlées d'un peu de calcaire, sont celles où les haricots donnent les produits les plus recherchés ;

dans les terres où l'argile domine, ils ont moins de qualité. La variété naine est la seule cultivée en plein champ. Le sol, pour cette récolte, est ordinairement préparé par un coup de mousse et une façon à l'araire; la plupart ne lui appliquent pas de fumier. Les semailles ont lieu vers la fin d'avril; on répand la semence dans le sillon ouvert par la charrue. A Mezen, les lignes sont à 64 centimètres les unes des autres, les haricots sont très-rapprochés dans chaque rangée; dans d'autres localités, on ne laisse qu'un intervalle de 25 centimètres entre les lignes, mais les haricots sont à 20 centimètres les uns des autres dans la ligne. On donne généralement deux binages; le premier a lieu en mai, le second, dans le courant de juin : tous deux se font à la main.

La récolte coïncide avec la Notre-Dame d'août. On arrache les tiges par la rosée, on les laisse pendant deux ou trois jours sur terre, les gousses reposant sur le sol; après

ce temps, on les porte sur l'aire dépiquatoire
où on les étend avec soin, de manière qu'elles
reçoivent l'action du soleil; on les bat au fléau
dans le courant d'août.

Les haricots de Mezen sont les plus renommés du département.

PLANTE TINCTORIALE.

PASTEL.

Le pastel est la seule plante tinctoriale
introduite dans le département; sa culture
n'existe que dans l'arrondissement d'Albi; elle
est particulièrement concentrée autour de
cette ville.

Le pastel se cultive généralement dans les
fonds d'alluvion et les terres douces, grasses,
mêlées de calcaire. Celui qu'on sème dans
les sols siliceux et les terrains argilo-siliceux
se distingue par ses propriétés colorantes,
mais il est très-court. Le sol est travaillé à la
bêche pendant l'hiver. On fume avec le meil-

leur fumier possible, dans la proportion de vingt charretées pesant chacune 750 kilogrammes par hectare ; on herse une ou deux fois, on se sert ensuite de l'araire pour disposer le terrain en billons de trois raies. La semaille a lieu ordinairement en novembre ou en février. On répand la semence sur labour frais, en marchant à reculons ; on met par hectare environ 150 litres de graines enveloppées dans leurs siliques, on émotte sur la semence, celle-ci est enterrée légèrement par un coup de râteau.

Le pastel mis en terre lève ordinairement dans l'espace de trois à quatre semaines : s'il vient à manquer (l'altise le détruit souvent), on sème de nouveau en mai ; à cette époque, la terre, se trouvant échauffée par le soleil, favorise la germination ; la graine lève au bout de dix ou quinze jours. La semence de la dernière récolte doit être préférée ; elle lève plus vite que celle de deux ans. Pendant sa végétation, le pastel reçoit quatre ou cinq sarclages à la main ; si les plantes sont trop drues, on les éclaircit ; la meilleure distance à observer entre les plantes est celle de 8 centimètres en tous sens. Le premier binage se donne aussitôt que la plante a développé quatre ou cinq feuilles ; le second a lieu dès que les mauvaises herbes reparaissent ; les autres doivent s'effectuer chaque fois que la terre le demande : du soin et de l'à-propos avec lesquels on y procède dépend le succès de la récolte.

La première cueillette se fait à la Saint-Jean. Le moment opportun est celui où les feuilles les plus inférieures commencent à sécher ; trop verte, la feuille donne un pastel de mauvaise qualité ; trop sèche, il y a beaucoup de perte ; le point précis ne peut être saisi que par un tact particulier résultant d'une longue pratique. Du mois de juin au mois d'octobre, on compte sur cinq cueillettes, une par mois ; quelques-uns prennent encore une dernière récolte après l'hiver, immédiatement avant que le pastel monte en graines, mais les feuilles sont de mauvaise qualité ; la seconde année, il faut se borner à récolter la graine. La cueillette se fait à la main ; on casse les feuilles avec le pouce et l'index, on les met en sac et on les porte ensuite au moulin pour être triturées. Quand la masse est suffisamment réduite et ne forme plus qu'une pâte compacte, on la dépose sous un hangar, dans un emplacement carrelé et en pente ; la partie aqueuse s'échappe de la masse ; la matière colorante reste fixée dans la pâte. Celle-ci demeure en tas jusqu'au moment où elle doit être manipulée ; elle s'y *nourrit*. Pendant le premier mois, on la retourne tous les quatre jours ; on défait et l'on refait le tas avec la bêche chaque fois que la pâte se crevasse ou que sa surface se durcit en croûte. La pâte reste ordinairement en tas pendant deux mois. Les premières feuilles récoltées en juin sont manipulées en août ; on opère sur les dernières avant les mauvais temps de l'hiver; quelquefois, mais rarement, on ajourne la manipulation à la fin de cette saison. Lorsque la gelée saisit la pâte, elle lui fait subir une détérioration considérable. La manipulation du pastel consiste à mouler la pâte en forme de poires appelées *coques*. Cela fait, on range les coques sur des claies qu'on place sous un hangar où l'air circule librement; un mois après être restées sur les claies, les coques sont mises en magasin. Un temps trop humide rend le pastel *roux* et lui fait prendre une robe jaune, au lieu de la couleur noire qu'il présente quand il est bien réussi. Un hectare de pastel cueilli cinq fois rend environ 20,000 coques; le cent de coques se vend ordinairement 2 fr. 50 cent. mais les frais considérables de culture et de manipulation réduisent beaucoup les bénéfices que le pastel semble procurer au premier aperçu.

On achetait autrefois le pastel en coques; mais depuis que la concurrence a amené la fraude et qu'on ne se fait pas scrupule d'introduire des matières étrangères dans le pastel, on préfère l'acheter en feuilles ou en pâte ; lorsqu'on l'achète en feuilles, on l'étend sur une toile au soleil pendant deux jours, puis on le met en sac.

Le pastel est une plante fort épuisante. Les bénéfices considérables qu'il procurait sous l'empire, alors que l'indigo des Indes coûtait très-cher, ont singulièrement diminué. Dans l'état actuel des choses, le pastel n'est plus qu'une culture exceptionnelle même aux environs d'Albi. La décadence de cette récolte doit inspirer peu de regret, si l'on songe que les plantes qui lui succèdent laissent toujours beaucoup à désirer, et que les bénéfices auxquels le pastel donnait lieu dans l'origine n'ont pas peu contribué à altérer la bonne foi qui présidait jadis aux relations commerciales entre les cultivateurs et le négociant. Le pays, d'ailleurs, est loin d'avoir atteint la période de fertilité qui permet de substituer la culture épuisante des plantes commerciales à celle plus profitable des fourrages.

ANIS.

Les principales cultures d'anis sont groupées autour des communes d'Andillac, Cahuzac, Noailles et Cestayrols, de l'arrondissement de Gaillac.

Les terrains calcaires sont ceux qui conviennent le mieux à cette plante. On la sème de préférence sur les hauteurs, afin de la soustraire aux brouillards, qui règnent plus fréquemment dans les bas-fonds et sont très-préjudiciables à la culture. Ordinairement, on pelleverse le terrain qui doit porter l'anis. Au printemps, on donne un labour à la charrue, et, si la bêche a laissé des mottes, on les fait briser par des femmes. Le sol préparé et disposé à être ensemencé présente l'aspect d'un champ partagé en planches de huit raies ayant environ 2 mètres de largeur. La fumure précède de très-près la semaille ; celle-ci s'effectue vers la mi-mars et le com-

mencement d'avril; passé cette époque, l'anis
ne mûrirait pas. Le semeur répand à la volée, sur labour frais et par un mouvement
de va et vient, 10 kilogrammes par hectare;
la graine de la dernière récolte est préférable,
on choisit la plus grosse; s'il fait du vent, le
semeur se penche à mi-corps pour semer. La
semence est recouverte très-légèrement à l'aide
d'une planche munie d'un long manche qu'on
passe sur le champ. Les oiseaux n'attaquent
pas la graine d'anis, elle lève généralement
dans l'espace de six semaines. A cette époque,
une température un peu humide lui est favorable. Une fois levée, la chaleur contribue
à sa croissance; elle ne redoute nullement
le soleil le plus vif, pourvu cependant que
ses rayons ne la frappent pas lorsqu'elle est
encore chargée de pluie ou de rosée. L'anis
reçoit généralement trois sarclages dans le
cours de sa végétation. Le premier est très-
minutieux; il se donne à la main, dès que la
plante a émis ses deux premières feuilles;

plus tôt on l'exécute, plus tôt l'anis monte et devient vigoureux. Si le semis est trop épais, on éclaircit : autant que possible, il faut espacer les plantes à 13 ou 16 centimètres les unes des autres. Le second sarclage et le suivant ont lieu quand les mauvaises herbes se montrent dans le champ ; du soin avec lequel ils sont exécutés dépend le succès de la récolte.

La floraison est le moment le plus critique pour l'anis. A toutes les phases de la végétation, mais surtout à l'époque de l'apparition des fleurs, vers la fin de juillet et dans le mois d'août, la plante est sujette à être attaquée par le brouillard. Ses ravages sont aussi prompts que funestes. A peine a-t-il sévi, le pied noircit, toute la plante exhale une odeur de poisson pourri, la récolte est perdue et n'est plus bonne qu'à être jetée sur le tas de fumier. La maturité s'annonce un mois après la floraison ; elle s'effectue d'une manière très-inégale. Il faut arracher séparément, à la

main, chaque pied arrivé à son point de perfection. Les pieds mûrs sont mis en petites
gerbes non liées, entrelacées les unes dans
les autres ; on place les têtes en bas et les
racines en l'air. Par un beau temps, la récolte
reste deux jours en cet état, on l'étend ensuite
sur le sol pour compléter sa dessiccation. Si
l'on craint la pluie, il faut rentrer la récolte,
en ayant soin d'éviter de la placer sous un
hangar ouvert ; elle doit être étendue dans
une pièce. L'anis peut rester en tas pendant
huit heures ; ce temps écoulé, il noircit. Les
premiers pieds mûrs s'arrachent ordinairement vers la fin du mois d'août : suivant le
dicton du pays, l'anis fleurit et mûrit dans
les jours caniculaires.

Lorsque la récolte est suffisamment sèche,
ce qui a lieu en deux jours par le beau temps,
on porte l'anis sur l'aire à dépiquer ; là, on
incline légèrement les tiges, de telle sorte
qu'on n'aperçoive que les têtes. On bat au
fléau. Après cette opération, on passe la ré-

colte au crible et par un vent très-léger ; le vannage doit être exécuté le plus tôt possible, de peur que la poussière n'enlève l'arome et la couleur rousse, qui donnent du prix à la graine ; plus l'anis tire sur le noir, plus il est altéré. Une fois battu et vanné, on le met en tas dans un endroit sec ou bien on l'ensache. Il est très-important de mettre la récolte à l'abri de toute humidité. La récolte de l'anis est très-casuelle. Sur cinq récoltes, on estime que trois manquent en partie : une est médiocre, une autre est mauvaise, l'autre seule est bonne. L'hectare réussi produit 6 à 700 kilogrammes d'anis. Les prix varient depuis 20 francs jusqu'à 55 francs les 50 kilogrammes ; en moyenne, ils valent 30 francs.

Les frais de cette culture sont estimés ainsi qu'il suit :

Loyer du sol, évalué....................	40ᶠ 00ᶜ
Pelleversage du sol (prix fait)...........	48 00
Un labour (4 journées de bœufs)........	12 00
A reporter..............	100 00

Report.............. 100^f 00^e

Émottage, 10 journées de femme à 75 centimes, y compris la nourriture........	7 50
Fumure............................	60 00
Semence............................	10 00
Salaire du semeur....................	00 50
Sarclages, 40 journées de femme à 75 cent.	30 00
Arrachage, 4 journées de femme à 75 cent.	3 00
Dessiccation et transport de la récolte sur l'aire............................	2 00
Nettoyage, 3 journées de femme........	2 25
Étendage de l'anis, 9 journées de femme..	6 75
Total..............	222 00

Ainsi qu'on le voit, la culture de l'anis est très-minutieuse ; aussi, peu de propriétaires s'y livrent-ils à leurs frais ; généralement ils l'abandonnent à des *parcelliers*, aux conditions suivantes : on partage à moitié fruit quand les parcelliers pelleversent le sol et exécutent tous les travaux de la culture et de la récolte ; ils n'ont que le tiers des produits lorsque le propriétaire se charge des labours.

Le commerce de l'anis est exploité par les

commissionnaires de Gaillac et d'Albi ; ils expédient l'anis à Bordeaux, à Paris et à Marseille.

L'anis passe pour épuisant ; le blé qui lui succède est toujours fumé.

PLANTES TEXTILES.

Les plantes textiles cultivées dans le Tarn sont le lin et le chanvre.

LIN.

Les deux variétés de lin se cultivent dans la plupart des métairies ; le lin d'hiver est généralement préféré au lin de printemps ; il réussit beaucoup mieux que ce dernier, auquel les sécheresses des mois d'avril et de mai sont souvent fatales.

Lin d'hiver.

Le lin d'hiver se sème à peu près dans tous les sols, à l'exception de ceux qui sont trop argileux ou qui contiennent une très-

forte proportion de calcaire ; il réussit particulièrement dans les terres douces d'alluvion.
Le lin se place généralement dans la sole de
plantes sarclées, après la récolte du blé. M. de
Marliave le sème avec avantage sur un trèfle
de deux ans. Il réussit également très-bien
sur un défrichement de pré. On prépare la
terre par deux labours, dont un donné à
l'araire. Quelques propriétaires font pelleverser ; nulle part on ne se sert du rouleau
ni de la herse pour ameublir la surface. Les
semailles ont lieu tantôt au commencement,
tantôt à la fin de septembre. En général, on
répand 1 hectolitre 50 litres par hectare.
Cette proportion très-faible s'explique par le
but qu'on se propose, l'huile formant ici le
principal produit de la culture du lin. La
semence est toujours tirée de la récolte précédente ; on l'enterre par un coup d'araire
suivi ordinairement de l'émottage. Cette façon
a lieu de la même manière que pour le blé ;
on l'exécute avec le plus grand soin.

Le sarclage se fait généralement trop tard et fort mal ; on court rapidement à travers la récolte, au lieu de rechercher soigneusement les mauvaises herbes ; aussi, peu de champs de lin se font-ils remarquer par leur propreté. La maturité du lin a lieu dans le courant de juin. On arrache les tiges avec la main, on les lie en petites bottes et on les dresse sur le sol au nombre de vingt-quatre, réunies en tas circulaires. Le rouissage se fait partout sur pré ; quand la température est favorable et que les rosées sont abondantes, le rouissage est complet dans l'espace d'un mois ; il faut le double de temps si la sécheresse se prolonge. Un hectare de lin d'hiver rend, en moyenne, 3oo kilogrammes de filasse et 8 hectolitres de graines.

Lin de printemps.

La culture de cette variété est exactement la même que celle du lin d'hiver. On sème en mars et l'on arrache au commencement d'août.

Le lin de printemps rend moins que le lin d'hiver; sa récolte est quelquefois nulle quand la sécheresse a régné d'une manière continue en avril et en mai. On ne cultive guère le lin de printemps dans le Tarn que lorsque le lin d'hiver a manqué ou n'a pu être semé en temps convenable.

CHANVRE.

La culture du chanvre, bien qu'importante dans le département, est loin d'être générale ; elle appartient, en quelque sorte, exclusivement aux vallons privilégiés et aux riches sols d'alluvion des bords du Tarn, de l'Aveyron et de la Vère. La commune de Penne, au nord-ouest de l'arrondissement de Gaillac, est renommée pour cette production.

Les terres consistantes, profondes, naturellement fertiles, ou qui sont devenues telles par suite de fumures abondantes et souvent répétées, sont les seules auxquelles on confie le chanvre.

Les véritables chènevières portent chaque année du chanvre, jusqu'à ce que le terrain s'en trouve fatigué ; dans les sols moins bons, il occupe une certaine partie de la sole des récoltes sarclées, conjointement avec les fèves, les haricots et le maïs.

En général, le champ destiné au chanvre est pelleversé en hiver ; au premier printemps on y passe l'araire, on fume aussi abondamment que possible, et, avant de semer, on émotte avec soin. Les semailles ont lieu dans la seconde quinzaine d'avril ; on répand communément 250 litres par hectare. A Penne, on met 4 hectolitres de semence par hectare ; dans la commune de Rabastens, on emploie jusqu'à 5 hectolitres, et la semaille passe encore pour claire. La graine recouverte, on place des épouvantails dans le champ, pour éloigner les oiseaux, jusqu'à la levée du chanvre. Dans la plaine de Gaillac, on fait garder la chènevière par des enfants, jusqu'à ce que la plante soit bien levée, de peur que les pigeons ne viennent l'arracher. Dans le canton de Castelnau, on sarcle une fois dans le courant de mai : cet usage est exceptionnel. Communément on arrache le chanvre en deux fois : les pieds mâles sont enlevés au commencement du mois d'août, les pieds femelles au commencement de septembre. A Rabastens, la cueillette du chanvre s'effectue en trois fois : la première à la fin d'août, la seconde du 15 au 20 septembre, et la troisième quinze jours après. A Carmaux, on arrache les pieds femelles huit ou dix jours après les pieds mâles : on renonce ainsi à la graine, afin d'avoir une filasse de plus belle qualité. Les cultivateurs de cette localité tirent leur semence de Monestiés : cette commune est renommée pour ce produit spécial.

Le rouissage s'effectue à la rosée, de la même manière que pour le lin; d'excellents cultivateurs prétendent qu'étendu sur pré, il produit de très-bons effets sur l'herbe. Quelques propriétaires ont aussi adopté le rouissage dans l'eau; ils laissent le chanvre pendant sept ou huit jours dans le routoir. Un hectare de chanvre rend de 4 à 5oo kilogrammes de filasse; le kilogramme se vend de 9o centimes à 1 franc. A Penne, dans les bons fonds, il n'est pas rare d'avoir des produits plus abondants.

Une bonne chènevière bien située se vend 7 et 8,ooo francs l'hectare.

PLANTES OLÉAGINEUSES.

COLZA ET NAVETTE.

La culture de ces plantes, dans le Tarn, mériterait à peine d'être mentionnée, si l'on ne tenait compte que du peu de terrain qu'on lui consacre dans la plupart des exploitations. On n'en trouve en effet que 2 ou 3 ares chez les métayers, encore placent-ils ces plantes dans un coin du jardin, et dans le seul but de se procurer l'huile nécessaire à l'éclairage de la maison. Mais, depuis quelques années, des propriétaires ont cherché à introduire ces récoltes dans leurs assolements; des essais faits sur une grande échelle ont été répétés sur divers points; il est donc nécessaire d'indiquer succinctement les procédés suivis.

Le colza succède généralement à une céréale, principalement au seigle. On prépare la terre par deux labours. Quand on n'a pas assez de fumier pour en répandre sur toute la surface du champ, on ne garnit que les raies qui doivent recevoir le colza. On sème en place en septembre; quand le colza est levé, on l'espace à 32 centimètres dans les lignes; celles-ci laissent entre elles un intervalle de 1 mètre. Dans le courant de l'automne, on donne un sarclage à la main; c'est le seul que reçoive la plante pendant sa végétation. Lorsque le colza commence à monter en fleurs, quelques propriétaires font étêter: ce retranchement du sommet de la tige principale retarde la plante et la rend moins sensible aux gelées du printemps, il fait aussi brancher davantage le colza.

La maturité s'annonce dans les premiers jours de juin. On coupe avec la faucille, on lie le colza en petites bottes qu'on laisse pendant quatre ou cinq jours sur le sol en les dressant en rond autour d'un point central. Lorsque la dessiccation est complète, les uns font battre le colza sur des draps, dans le champ même, les autres le transportent sur l'aire; des femmes l'y battent avec des gaules. La graine nettoyée, on la met en sac, ou bien on l'étend dans un grenier.

Après l'enlèvement de la récolte, on donne deux labours au sol; on le fume fortement et on l'ensemence en seigle ou en blé.

Dans l'état actuel des choses, la culture du colza nous semble une récolte prématurée pour le département du Tarn. Avant de lui donner de l'extension, il faudrait que les cultivateurs fussent mieux pourvus d'engrais et que les prairies artificielles eussent, dans les rotations, l'importance qu'elles méritent. En bonne culture, le colza, ainsi que les plantes commerciales, qui ne rendent rien au sol, ne doivent être introduites que dans les terres les plus riches, là où il y a, pour ainsi dire, surabondance de fertilité : le département du Tarn est loin d'avoir conquis cet état exceptionnel.

ERS ET GESSES.

Ces deux plantes, dont la première sert à la nourriture du bétail et la seconde à celle de l'homme, sont cultivées exactement de la même manière dans le Tarn ; elles n'occupent qu'une étendue de terrain fort limitée.

On prépare le sol par un ou deux labours à l'araire. L'ers se sème quelquefois en septembre, mais le plus ordinairement en février et mars, ainsi que la gesse. Quand on répand la semence à la volée, ce qui est exceptionnel. on met un hectolitre environ par hectare, en lignes ; les uns sèment toutes les deux raies, les autres mettent les lignes à 20 centimètres de distance ; quelques-uns laissent un intervalle d'un mètre entre chaque ligne. On recouvre la semence par un coup d'araire. Au printemps, on bine et on sarcle une fois ; la maturité arrive communément dans la première quinzaine de juillet ; on arrache les plantes à la main et on les laisse étendues pendant plusieurs jours sur le sol. Ces récoltes passent pour casuelles, surtout celle de l'ers.

CHOUX.

La culture du chou est loin d'avoir l'extension qu'on devrait lui donner dans la montagne et les vallées du Tarn où l'on se livre à la spéculation du bétail. Cette plante rendrait de grands services au cultivateur en fournissant une nourriture verte pour les bêtes à cornes dans la saison d'hiver, où les animaux ne reçoivent que de la paille et du foin.

La variété qu'on rencontre auprès des habitations, et dont la culture n'est pas encore sortie des limites du jardinage, est le chou à tige rouge ; elle présente beaucoup d'analogie avec le chou cavalier du Poitou.

Les vallons fournissent généralement le replant à la montagne. On sème en pépinière, au printemps, dans un terrain travaillé à la bêche et bien fumé ; on éclaircit lorsque le semis est trop épais, puis, au mois de septembre, on repique en espaçant les pieds à 40 centimètres en tous sens. Aux approches de l'hiver, on porte du fumier au pied des plantes, sans l'enterrer, pour les préserver de la gelée ; les choux résistent très-bien à un froid intense, mais le verglas, dit-on, les fait périr dans la montagne.

Les choux occupent le sol pendant une année ; on les bine une ou deux fois depuis le moment de la première cueillette, qui s'effectue en juin, jusqu'au mois de décembre suivant. A cette époque, on coupe les tiges du

pied. Les feuilles de chou servent à la consommation du ménage ; on les distribue aussi
aux cochons dans le commencement de l'engraissement ; nulle part, dans le Tarn, on
n'en donne aux bêtes à cornes.

FOURRAGES ARTIFICIELS.

La culture des fourrages artificiels laisse
beaucoup à désirer dans le Tarn. Confinée
partout dans des limites très-étroites, calculée
chez la plupart d'après les besoins les plus
stricts du bétail de trait, à peine connue sur
certains points du département, elle est encore regardée par le plus grand nombre des
cultivateurs comme un simple accessoire de
l'exploitation ; par exception seulement, on voit
quelques propriétaires lui accorder, dans leurs
domaines, la place et l'importance qu'elle mérite, et en faire la base de leurs opérations
agricoles. Toutefois, s'il est juste de regretter
que les plantes fourragères n'aient pas reçu
jusqu'ici plus d'extension dans le Tarn, on

doit convenir que la plupart des obstacles qui s'opposaient à leur adoption sont levés aujourd'hui. Sous ce rapport, la conversion des métayers est à peu près opérée. Il n'y a plus à lutter contre leur répugnance absolue pour ce genre de produits; ils ne lui accordent, il est vrai, qu'une demi-confiance; ce n'est que contraints et forcés qu'ils lui sacrifient quelques ares de maïs. Certains fourrages même, tels que le trèfle, sont encore accusés d'épuiser la terre et de l'infester de mauvaises herbes: mais la barrière la plus difficile n'en est pas moins franchie et, quelque minime qu'elle soit, la place des fourrages est désormais assurée dans les assolements. Si les conditions exigées pour leur réussite sont assez mal observées dans presque toutes les exploitations, il en est quelques-unes, dans chaque arrondissement, où les fourrages se cultivent avec habileté et profit; l'exemple se fera missionnaire, il ne peut manquer de gagner de proche en proche et de rallier les derniers rebelles. Ceux-ci, du reste, sont déjà bien ébranlés. Il en est peu à qui il soit nécessaire d'apprendre les propriétés améliorantes des plantes fourragères : l'ombre salutaire qu'elles répandent sur le sol, la quantité considérable de détritus dont elles l'enrichissent, le peu de dépense qu'entraîne leur culture, la facilité qu'on a ordinairement à les recueillir sous un beau climat, le peu d'embarras qu'elles occasionnent, soit pour leur emmagasinement et leur conservation, soit pour être données à toute espèce de bétail. Chacun sait l'inappréciable ressource qu'elles présentent, de tenir lieu, dans la plupart des cas, de la jachère, d'accroître la fertilité du sol en augmentant les engrais, et, enfin, d'être un excellent précédent pour toutes les récoltes subséquentes, notamment pour les céréales, dont elles rendent la culture plus parfaite et plus productive. Ces vérités banales, comprises aujourd'hui de tous, n'attendent plus qu'un dernier effort dans le

Tarn pour être traduites dignement sur le sol; elles sont du nombre de celles qui ne périssent jamais dès qu'on a soumis leurs avantages au grand jour de l'expérience.

Les fourrages artificiels, cultivés dans le Tarn, sont le trèfle rouge, le farrouch, la luzerne, le sainfoin, les vesces et la dravière.

TRÈFLE ROUGE.

C'est à M. le comte de Villeneuve que le Tarn est redevable de l'introduction, dans les assolements, du trèfle rouge (*trifolium pratense*). Essayé d'abord sur le domaine d'Hauterive, préconisé par le zèle le plus louable de son propriétaire, dont la vie entière n'a été qu'un long et généreux dévouement à la cause agricole, le trèfle a commencé à s'implanter dans le canton de Castres; de là, il s'est naturalisé dans le reste de l'arrondissement; aujourd'hui, on le cultive, avec plus ou moins de succès, dans tout le département. Les sols

argilo-calcaires et les terrains argilo-siliceux
sont ceux où il réussit le mieux.

La plupart des cultivateurs sèment le
trèfle dans le blé, quelquefois au mois d'octobre; d'autres fois au mois de mars ou d'avril.
Suivant quelques praticiens, les semailles d'hiver lèvent bien, mais elles sont sujettes à
périr par les gelées, surtout dans les terrains
calcaires soulevés par les gels et dégels; le
défaut d'écoulement des eaux occasionne souvent cet accident dans les terres froides de
la plaine de Lavaur.

La préparation du sol destiné au trèfle est
nulle chez un grand nombre; ils se contentent
de répandre la graine sans faire précéder ni
suivre l'ensemencement de hersages ou de
roulages, l'humidité de l'atmosphère reste
seule chargée du soin de faire lever la graine;
les plus soigneux l'enterrent par un coup de
herse. Quand on sème le trèfle à l'automne,
on répand la graine après avoir enfoui le blé;
l'émottage qui termine la semaille de la cé-

réale sert à enterrer la graine de trèfle. A Cordes, on sème quelquefois le trèfle dans l'orge ou l'avoine, dont on réduit alors la semence d'un tiers ; on répand la graine de trèfle au commencement de mars, quand l'orge ou l'avoine a atteint 8 ou 10 centimètres de hauteur, et on l'enterre avec le râteau. Le procédé suivi dans certaines localités mérite d'être connu. On sème le trèfle, en septembre ou octobre, dans un blé ou une avoine, quelquefois aussi en février et mars ; on choisit un temps couvert pour répandre la semence, et, sur les terres légères, on l'enterre en faisant passer dessus le troupeau de bêtes à laine.

La plupart sèment la graine nue, quelques-uns préfèrent la semer dans la gousse : ils trouvent qu'elle lève mieux ainsi.

La proportion de semence employée varie depuis 12 jusqu'à 30 kilogrammes par hectare ; dans la partie basse du département, on peut considérer 18 à 20 kilogrammes comme la quantité de semence le plus généralement usitée ; à Brassac, quand on met moins de 3o kilogrammes par hectare, le trèfle est envahi par l'herbe.

En général, on ne compte pas sur la récolte du trèfle l'année même de la semaille; quelquefois, cependant, il arrive qu'une température humide, survenue après l'enlèvement du blé, permette de faucher le trèfle vers l'arrière saison; la plupart du temps, il ne fournit, à cette époque, qu'un léger pâturage. Les métayers profitent souvent de cette première pousse du trèfle pour y envoyer leurs porcs; mais c'est là un abus qu'il faut éviter avec soin sous peine de compromettre la coupe de l'année suivante. Chez les propriétaires éclairés, l'entrée de toute espèce d'animaux est interdite dans le trèfle, tant que la faux n'y a point passé.

Le plâtrage du trèfle est une pratique générale dans le Tarn; M. le comte de Villeneuve est le premier qui ait fait usage du plâtre sur les prairies artificielles; son exemple et ses écrits ont puissamment contribué à populariser, dans le département, cet amendement précieux. Tous répandent le plâtre au printemps; mais de nombreuses expériences, répétées sur divers points, tendraient à faire croire qu'il y a plus d'avantage à plâtrer, soit au moment de la semaille quand elle a lieu à l'automne, soit dans le courant de l'hiver. Suivant les localités, on met 800, 600 et 250 kilogrammes de plâtre par hectare. Cette proportion varie, pour ainsi dire, de commune à commune, sans autre motif que l'usage accoutumé.

La première coupe du trèfle coïncide ordinairement avec la fin de mai ou les premiers jours de juin; on fauche lorsque les têtes sont en pleines fleurs.

Le mode de dessiccation n'est pas le même dans toutes les localités. En général, on laisse le trèfle en andains le jour où on l'a coupé; le lendemain, s'il fait beau, on le retourne; le soir, on le met en meulons. Le troisième jour, au matin, on ouvre les meulons ; on laisse le trèfle exposé à l'air pendant sept ou huit heures, puis on le rentre. Traité de cette manière, le fourrage ne laisse rien à désirer. Quelques-uns, aussitôt après avoir fauché, mettent la récolte en meulons de 2 mètres de hauteur, sur 1 mètre 50 centimètres de largeur ; ils l'y laissent pendant deux ou trois jours ; ils ouvrent ensuite les meulons en secouant le fourrage, et le rentrent lorsqu'il a reçu le soleil pendant quelques heures. Par ce procédé, le trèfle prend une couleur brune et perd un peu de sa feuille ; mais toute espèce de bétail le mange avec avidité. On ne peut se dissimuler, toutefois, que le fourrage ne coure de grands risques, si le mauvais temps se déclare alors qu'il faudrait ouvrir les meulons pour aérer et sécher la récolte. D'autres enfin, et malheureusement trop nombreux, font éparpiller le trèfle à la main, par des femmes, dès qu'il est coupé, et le traitent presque comme du foin de prairie. Il est inutile d'in-

sister sur un procédé aussi défectueux. Traiter le trèfle comme du foin, sous un climat
chaud et par la plus grande ardeur du jour,
c'est vouloir laisser sur le sol la meilleure
partie du fourrage, et n'emporter que des
tiges : ce procédé déplorable est très-répandu
dans l'arrondissement d'Albi.

Partout le trèfle se rentre non bottelé,
ainsi que les autres fourrages; on le conserve
dans des greniers, quelquefois aussi à l'air
libre, en meules couvertes d'un toit en paille.

Le sort de la seconde coupe du trèfle dépend entièrement de la température du mois
de juin. Si, comme il arrive bien souvent,
la chaleur se fait sentir avec force, sans
qu'une pluie vienne tempérer la sécheresse
qui règne ordinairement à cette époque, le
trèfle ne grandit pas et reste clair : presque
toujours on le réserve comme porte-graine.
Ceux qui ne lui donnent pas cette destination, fauchent en pleine floraison, et traitent
la seconde coupe comme la première. Le

trèfle porte-graine est bon à couper vers la fin de juillet ou dans la première quinzaine d'août. On le fauche par le frais, on le porte avec soin sur l'aire, et, quand il est suffisamment sec, on emploie le rouleau pour détacher la graine. Cette opération préliminaire accomplie, on enlève toutes les tiges, de manière à ne plus conserver sur l'aire que les balles du trèfle. Celles-ci ont encore à subir une double préparation avant d'être livrées au commerce ; elles doivent être débarrassées de leurs gousses et bien épurées. Pour obtenir la graine, on peut se servir du moulin ; les balles passent alors sous une meule verticale. En les soumettant à l'action d'un rouleau en pierre sur l'aire, on atteint le même but, seulement la graine extraite par ce dernier procédé n'est jamais aussi luisante, et rend moins que celle qui a passé par le moulin. L'épuration de la graine s'effectue à l'aide du tarare d'abord, puis au moyen de deux cribles en toile métallique de différents degrés : l'un retient les pierres et laisse échapper le grain, l'autre garde le grain et laisse passer la poussière.

Le plus grand nombre des cultivateurs conservent le trèfle en terre pendant deux ans, non compris l'année de semaille ; ils fauchent une dernière fois en mai et mettent ensuite la charrue dans la pièce. Ces trèfles de seconde année sont, en général, tellement infestés de folle avoine, qu'on a peine à découvrir la plante fourragère au milieu des herbes parasites. Dans certaines localités de la montagne, c'est le cynosure hérissé (*cynosurus echinatus*) qui envahit les champs de trèfle ; partout ceux-ci accusent une grande incurie sous le rapport de la propreté du sol. Ce vice radical, auquel il faut imputer une partie des mécomptes qu'on éprouve dans le Tarn, après le trèfle, reconnaît pour cause principale les mauvaises conditions où se trouve la céréale qui lui sert d'abri. Les procédés qu'on emploie pour défricher le trèfle contribuent aussi à amener les mauvais résultats dont on se plaint. En général, les métayers se croient obligés de multiplier les labours sur un trèfle retourné. Suivant eux, moins la charrue se repose, plus on a de chances d'avoir une belle récolte en blé; c'est précisément le contraire qui arrive. Soit que la terre se trouve trop soulevée par suite de ces cultures répétées, soit que la décomposition des racines du trèfle ait lieu prématurément et que, sous l'influence de l'air et du soleil, leur bienfait se dissipe en pure perte pour la végétation, toujours est-il qu'on obtient rarement, dans le Tarn, un beau blé sur un trèfle ainsi bouleversé. D'après l'expérience de certains propriétaires, d'accord en cela avec ce qui se produit ailleurs, la récolte qui succède au trèfle n'est jamais plus abondante que lorsque ce dernier a été retourné par un seul labour, six semaines avant d'emblaver, et qu'on s'est borné à ameublir la surface du sol, à l'aide de hersages et de roulages, avant de lui conlier la semence du blé. Sauf certains cas exceptionnels, tels, par exemple, que celui d'un sol tenace, donner plus d'un labour pour le blé qui succède au trèfle, c'est gaspiller le travail des animaux; dans le Tarn, c'est compromettre la réussite de la céréale.

Dans certains cantons, les petits propriétaires défrichent souvent le trèfle avec la bêche; le pelleversage s'exécute à prix fait; il en coûte 65 francs à Cordes pour pelleverser un hectare de trèfle.

Le rendement du trèfle atteint rarement, dans le Tarn, le chiffre élevé auquel il devrait parvenir avec une culture bien entendue. Le plus fort produit ne dépasse pas 5000 kilogrammes par hectare, encore n'est-ce que dans la vallée du Dadou, dans la plaine de Gaillac et seulement chez un petit nombre de propriétaires, qu'on obtient ce résultat; dans les autres parties du département, la récolte ne s'élève pas au delà de 4000 kilogrammes, en première coupe. La seconde fauchée est souvent nulle ; comme porte-graine, elle rend parfois jusqu'à 350 kilogrammes. Le kilogramme se vend 1 franc, en moyenne. La graine de trèfle récoltée dans l'arrondissement de Gaillac est renommée pour sa qualité et sa pureté ; elle jouit d'une grande faveur sur la place de Bordeaux.

Sur défriché de trèfle de deux ans, les uns prennent deux blés consécutifs ; les autres une seule céréale. A Brassac, sur le chaume du trèfle, on plante des pommes de terre sans fumure, elles donnent une récolte très-abondante. A Lavaur, on trouve que le blé sur trèfle est sujet à verser ; c'est pourquoi on conseille avec raison de le faire précéder d'une avoine ; on a remarqué également que le maïs sur trèfle réussissait mieux que le blé ; mais il se tient plus longtemps vert à cette place. La production de la graine de trèfle est la principale cause de l'extension rapide de la culture du trèfle dans le Tarn ; ses propriétés améliorantes méritaient mieux, sans contredit, de le recommander; mais on est encore loin d'apprécier le parti qu'on pourrait en tirer, comme plante fourragère, dans un pays où la pénurie des engrais paralyse tout le système d'exploitation. Quoi qu'il en soit, du moment où les métayers ont vu retirer, presque sans frais, d'un hectare 200 et 300 francs de graine, le trèfle s'est singulièrement relevé à leurs yeux; ils ont fait, il est vrai, d'un profit secondaire, le but principal de leur culture; mais le trèfle n'en a pas moins gagné son procès, il a pris une place importante à côté des autres produits. De la plaine, il est arrivé aux coteaux; de là, il s'est introduit jusque dans la montagne; et telle commune, celle de Rivière, par exemple, où l'on ne cultivait pas 6 hectares de trèfle, il y a quelques années, en compte aujourd'hui plus de 50 consacrés à cette plante. Les conséquences de cette extension sont faciles à prévoir. Sans nul doute, la production de la graine a l'inconvénient grave de transformer le trèfle, de plante améliorante, en plante presque épuisante; mais, comme la première coupe reste acquise au bétail, comme le trèfle ouvre une plus large voie aux assolements et laisse encore de riches débris dans le sol après la récolte de la graine, on ne peut se refuser à voir un progrès réel dans cette culture, malgré ses imperfections; le temps et l'expérience, qu'il amène à sa suite, ne peuvent manquer d'éclairer les cultivateurs du Tarn sur leurs véritables intérêts. Mieux informés, ils assigneront un jour au trèfle le rang et la place qui lui appartiennent; ils ne le sèmeront que dans une terre en bon état de fertilité et de netteté; sa durée, au lieu d'être fixée invariablement à deux années, ne se réglera plus que d'après la vigueur de la végétation et la propreté du sol; son retour sera sagement ménagé ; en un mot, on le cultivera surtout comme une plante fourragère autour de laquelle viendront pivoter les autres récoltes, et toute la rotation s'en ressentira avantageusement.

FARROUCH.

La culture du farrouch offre, à peu de choses près, les mêmes pratiques dans toutes les localités. Peu difficile sur la nature du terrain, cette plante réussit très-bien dans les sols graveleux et caillouteux ; elle prospère également dans les terrains calcaires ; mais elle est sujette à périr dans les sols argilo-siliceux qui ne sont pas égouttés ; ce dernier accident n'est pas rare dans les terres froides de l'arrondissement de Lavaur.

En général, on se dispense de labourer le champ qui doit recevoir du farrouch, on se contente d'ameublir la surface avec l'araire ; dans le canton de Brassac, on se trouve bien de préparer la terre par un labour et d'enfouir la semence à l'aide d'un fagot d'épines. Les semailles ont lieu en août. Il est d'usage de répandre la graine enveloppée dans sa gousse ; elle lève mieux ainsi que lorsqu'on la sème nue ; on met 6 à 8 hectolitres de semence

par hectare quand la graine n'est pas dépouil-
lée de son enveloppe.

Le farrouch est très-estimé comme fourrage vert précoce. Dans la partie basse du
département, on commence à le couper au
1er mai; dans la montagne, il se fauche du
10 au 20 mai; il dure environ un mois. Dans
la plupart des localités, on ne connaît encore
que l'espèce ordinaire; on en cultive cependant, sur un petit nombre de points, une variété tardive qui commence à fleurir seulement vers la fin de mai et prolonge ainsi
pendant trois semaines la ressource d'un
fourrage vert très-économique et fort abondant; elle mériterait d'être plus répandue.

Le farrouch, réservé comme porte-graine,
se récolte vers la Saint-Jean. Quand la levée
du farrouch n'a pas été contrariée par les limaces, on peut ordinairement compter sur
un produit considérable. Tout le monde s'accorde à mettre ce fourrage au niveau ou même
au-dessous de la paille quand il est rentré sec.

Dans la montagne, on fait quelquefois succéder au farrouch des pommes de terre plantées sans fumure ; dans le reste du département, on laisse généralement le sol en jachère après le farrouch ; le blé qui suit est rarement beau.

LUZERNE.

Il n'est presque pas de terrains dans le département qui ne conviennent à la luzerne. Cette plante, connue dans le Tarn sous le nom impropre de sainfoin, réussit merveilleusement dans les sols argilo-calcaires de l'arrondissement de Castres ; le sol d'alluvion de la plaine de Gaillac n'est pas moins favorable à l'abondance qu'à la durée de ses produits ; une partie de l'arrondissement de Lavaur, ainsi qu'un grand nombre de localités de l'arrondissement d'Albi, réclament cette plante, mais partout on ne la rencontre qu'à l'état de culture parcellaire. La luzerne, cependant, réunit plusieurs qualités qui devraient lui assurer, dans le Tarn, la prééminence sur les autres fourrages. On sait que, dans ce département, le trèfle voit souvent ses produits diminués de moitié, soit par les gelées, soit par les sécheresses prolongées ou le vent d'autan ; le sainfoin ne donne qu'une coupe ; la vesce court de grands risques si elle n'est semée de bonne heure ; les pluies prolongées de l'hiver compromettent, en outre, sa réussite ; aucune de ces plantes précieuses ne saurait donc inspirer une sécurité complète au cultivateur pour l'affourragement régulier du bétail : la luzerne seule est à l'abri de toutes ces chances. Les froids de l'hiver ne lui font point de tort ; la sécheresse du printemps rend-elle la première coupe moins abondante, les coupes subséquentes profitent d'une température plus favorable ; quel fourrage, d'ailleurs, peut lui être comparé? Bon an, mal an, elle ne donne jamais moins de trois coupes dont le rendement ordinaire ne peut être porté au-dessous de 7,500 kilogrammes par hectare, sans compter le regain que fournit souvent la quatrième coupe. Le peu d'empressement des cultivateurs pour ce fourrage nous semble avoir pour cause essentielle le préjugé d'après lequel on croit généralement que la luzerne exige un fonds de première qualité ; les faits, cependant, démontrent chaque jour le contraire. S'il était nécessaire de les appuyer de l'expérience d'un praticien distingué, nous invoquerions ici le témoignage de M. le baron Charles de Rivières. « Il y a peu de temps encore, « nous écrivait, en 1844, cet habile observateur, » nous ne semions la luzerne que sur nos meilleurs sols, dans nos terres de promission, et elle n'occupait que quelques ares ; aujourd'hui, l'expérience nous a convaincus que cette plante *réussit dans tous les terrains qui s'égouttent bien et dont le sous-sol ne garde pas l'eau stagnante.* Je l'ai essayé avec succès dans nos sols sablonneux, dans nos boulbènes fortes ; elle se plaît surtout dans nos graves riches et mêlées de terre. J'ai vu notamment de magnifiques luzernes dans des conditions que j'aurais jugées très-défavorables à leur réussite; la première fois, c'était sur une hauteur, dans un grès tendre à peine recouvert de 18 centimètres de terre végétale ; la seconde fois, c'était dans un sol graveleux et brûlant où le blé avait de la peine à épier ; d'où je conclus que, dans notre plaine de Gaillac, dont le sous-sol se compose de gravier, il n'existe pas un coin de terre où la luzerne, cultivée avec les précautions convenables, ne puisse donner les plus riches produits. »

Sauf un petit nombre d'exceptions, le sol qui doit être ensemencé en luzerne, est partout défoncé et travaillé avec le plus grand soin ; on suit, à cet égard, deux procédés différents. Les uns font pelleverser le terrain pendant l'hiver et aplanissent ensuite la surface par un ou deux coups d'araire ; les autres font passer la charrue dans le champ et bêchent ensuite dans la raie ouverte par le labour : le sol se trouve ainsi défoncé à 42 ou 48 centimètres de profondeur ; il reçoit, en outre,

un coup de herse avant la semaille. Celle-ci,
dans certaines localités, a lieu dès le mois
de septembre; mais, en général, c'est au printemps, dans le courant de mars ou au commencement d'avril, qu'on sème la luzerne
dans une céréale déjà levée. A Rabastens, on
se trouve bien de semer la luzerne dans le
maïs, alors on ne butte pas la récolte sarclée.
On met de 25 à 30 kilogrammes par hectare;
la semence est recouverte quelquefois à l'aide
d'un fagot d'épines, le plus souvent par l'é-
mottage, qui complète ordinairement l'opération du pelleversage quand la luzerne est
semée à l'automne.

Dès la première année, la luzerne fournit
une ou deux légères coupes; dans le courant
de février ou mars de l'année suivante, on
plâtre dans les mêmes proportions que pour
le trèfle. La première coupe se prend avant
que la fleur soit développée; elle a lieu du
10 au 20 mai; pour les autres coupes, on
fauche en pleine floraison; elles se suivent

ordinairement de quarante jours en quarante jours. Le mode de fanage est le même que celui du trèfle.

Dans les exploitations bien conduites, la luzerne rend ordinairement 3,000 kilogrammes en première coupe, 2,500 kilogrammes en seconde coupe, et 2,000 kilogrammes environ à la troisième fauchée ; la quatrième coupe n'est bonne, le plus souvent, qu'à être pâturée.

Dans une foule de localités du département, la seconde coupe est nulle, presque toujours elle est détruite par le négril (*colaspis atra*). Cet insecte n'est nuisible que pendant son état de larve, mais tels sont alors les ravages qu'il exerce dans les luzernes, qu'à peine s'y est-il introduit, à peine quelques tiges jaunies accusent-elles sa présence, que tout est dévoré dans l'espace de quelques jours. De tous les moyens recommandés pour se débarrasser du négril, le seul, jusqu'ici, qui ait donné de bons résultats, est celui qui consiste à l'affamer : il faut retarder la première coupe jusqu'au moment où les larves vont éclore et prendre leur premier développement ; on sauve ainsi la seconde coupe, beaucoup mieux que si on la laissait croître pour y mettre la faux aussitôt que l'insecte l'aurait envahie.

La luzerne, semée dans un sol défoncé à 48 centimètres et en bon état de fertilité, dure de huit à dix ans dans le Tarn ; les uns défrichent avec la bêche, les autres avec la charrue : on prend communément deux blés sans fumure avant d'introduire une récolte sarclée à la place de la plante fourragère retournée.

SAINFOIN.

Le sainfoin ou esparcet, désigné ordinairement sous le nom de luzerne dans le Tarn, occupe la plupart des coteaux argilo-calcaires des arrondissements de Castres, Lavaur et Gaillac, ainsi que les terrains calcaires situés dans l'arrondissement d'Albi.

L'usage le plus général est de semer le

sainfoin à l'automne dans le blé ou l'avoine d'hiver ; plusieurs le sèment aussi au printemps ; rarement on le sème seul sur le chaume du blé au mois d'août. On répand la graine dans la proportion de 5 à 6 hectolitres par hectare ; immédiatement après avoir recouvert le blé, on passe une échelle garnie de buissons ou un fagot d'épines, ou bien on émotte pour enterrer le sainfoin. Celui-ci se sème souvent mélangé avec le trèfle : dans ce cas, on met 4 hectolitres de sainfoin et 7 kilogrammes de trèfle par hectare. Le trèfle augmente la masse du fourrage à la première coupe ; on le récolte ensuite comme porte-graine vers le mois d'août. Dans l'arrondissement de Castres, certains cultivateurs sèment le sainfoin en mars dans le blé et l'enterrent par un coup de herse : la levée manque rarement par ce procédé dont la céréale retire aussi son profit. Exceptionnellement quelques-uns l'enterrent en faisant passer le troupeau sur la semaille. Dans les cantons de Lautrec et de Puylaurens, on se sert du rouleau dans le même but.

La seconde année de la semaille, on répand environ 2 hectolitres de plâtre par hectare; dans certains sols argileux, comme à Lugan, on a renoncé à ce stimulant; il ne produisait, dit-on, aucun effet.

Le sainfoin ne fournit qu'une coupe; on le fauche en mai, quand il est aux deux tiers défleuri; il rend, en moyenne, de 4,000 à 6,000 kilogrammes par hectare; sa dessiccation s'opère de la même manière que celle du trèfle et de la luzerne.

Le sainfoin forme rarement une sole en dehors de la rotation; semé dans le blé, il occupe une partie de la sole consacrée à la récolte sarclée, fournit une seconde coupe dans l'année de jachère et est rompu immédiatement après, pour être remplacé par le froment, qui ouvre la rotation. Quelquefois, on le garde trois et quatre ans. Dans la grande culture, on retourne le sainfoin par un labour à la charrue, suivi de plusieurs façons à l'araire ; la petite culture défriche le sainfoin à la bêche.

Dans les cantons de Saint-Sulpice et de Cordes, il n'est pas rare de voir semer le sainfoin comme fumure verte destinée aux vignes ; dans ce cas, on fauche le sainfoin en pleine fleur et on le met au pied des souches ; l'action de cet engrais dure, dit-on, trois et quatre ans.

VESCES.

La vesce n'a de chances de réussite, dans le Tarn, qu'autant qu'elle est semée de bonne heure ; la fin de septembre est l'époque la plus favorable ; octobre convient encore ; passé ce terme, il ne faut plus songer à semer des vesces d'hiver, sous peine de les voir exposées à périr par la gelée. Les vesces de printemps donnent rarement de bons résultats.

La terre destinée aux vesces ne reçoit communément qu'un seul labour avec la charrue à versoir ; le sol est disposé en planches. On sème les vesces quelquefois seules, plus fréquemment avec un mélange d'avoine ou d'orge; ces dernières dans la proportion d'un quart pour 200 litres de vesce par hectare; on recouvre à l'araire. Rarement on fume pour cette récolte; l'engrais cependant lui serait mieux appliqué qu'au blé, en ce sens, que la végétation vigoureuse des vesces étouffe toutes les mauvaises herbes introduites avec le fumier, et rend celui-ci presque intact à la récolte qui leur succède.

Les vesces se fauchent, comme fourrage vert, à la fin de mai, quand elles entrent en fleurs; lorsqu'on veut les faner, on attend que le grain soit noué dans les gousses inférieures. Les vesces bien récoltées sont recherchées par toute espèce de bétail, surtout par les bêtes à cornes. Entre autres avantages, elles laissent le terrain libre de bonne heure et permettent ainsi de lui appliquer une demi-jachère d'été : considération d'une grande importance pour tous les sols qui ont besoin

d'être ameublis et qui sont spécialement consacrés à la production des céréales. Nulle plante
n'assure une plus belle récolte de blé que les
vesces; le reproche qu'on leur adresse, dans
le Tarn, d'être épuisantes, tient à un vice de
culture et ne repose sur aucune base solide.

Les vesces, indépendamment du fourrage
qu'elles produisent, se cultivent encore pour
leur graine ; dans ce cas, on les sème en
mars, après deux labours préparatoires et sur
fumure. La semence se répand quelquefois
en lignes espacées à 22 centimètres; le plus
souvent on la jette à la volée, dans la proportion de 160 litres par hectare. On sarcle dès
que les mauvaises herbes se montrent dans
la pièce. La maturité a lieu vers la fin de juillet;
on coupe avec la faucille et, autant que possible, le matin ou le soir. Quand les vesces
pour graines réussissent, on obtient six pour
un de semence; mais cette récolte est très-
casuelle. Une sécheresse prolongée en mai
lui est funeste; il en est de même si la pluie

est tenace; un brouillard suivi immédiatement d'un soleil très-vif empêche la formation de la graine. L'hectolitre de graines de vesces se vend, en moyenne, de 15 à 18 francs.

PRAIRIES NATURELLES.

Les prairies naturelles jouent un rôle important dans le département du Tarn; elles régnent principalement dans la partie haute de l'arrondissement de Castres, la vallée de Saint-Amans et la plaine de Sorrèze. L'arrondissement de Gaillac en compte quelques-unes renfermées dans les vallons arrosés par un cours d'eau; les plus riches prairies de l'arrondissement de Lavaur s'étendent le long du Girou; celles d'Albi sont situées près de la ville et dans la partie montagneuse de l'arrondissement.

En général, les prairies du Tarn reposent sur un sol léger, plus ou moins mêlé de cailloux roulés et d'argile; celles de Vère, de même que les prairies de vallons, sont assises sur une terre d'alluvion. La plupart n'obtiennent pas les soins qu'elles réclament ; elles laissent, par exemple, à désirer sous le rapport du nivellement, de l'assainissement et de la fumure ; nulle part on ne songe à défricher celles qui sont trop vieilles ; on ne les retourne que lorsqu'elles sont complétement épuisées ; elles passent ainsi des pères aux enfants, sans que ceux-ci osent y introduire la charrue. L'extension que prend chaque jour la culture des fourrages artificiels amènera sans doute une amélioration dans ces pratiques séculaires ; elles devront tôt ou tard se modifier, en présence des besoins plus impérieux de l'époque actuelle.

Les irrigations qu'on observe dans le Tarn peuvent être rapportées à deux systèmes : l'irrigation par immersion et l'irrigation par reprise d'eau. La première se pratique dans le canton de Dourgne, à Saint-Amans et à Sorrèze. Les eaux descendent de la montagne Noire ; elles sont reçues dans des rigoles établies de telle sorte qu'elles obliquent sur la pente du terrain ; elles se subdivisent en branches latérales, dont on ferme avec soin les extrémités, afin que les eaux s'infiltrent mieux dans le sol ; cette précaution est d'autant plus rigoureuse que le terrain offre plus de pente ; quand on la néglige, les eaux courent sur le sol, sans y déposer leur limon, et privent ainsi la prairie du seul engrais qui lui soit destiné.

Dans la plaine de Sorrèze, l'arrosement a lieu presque à toutes les époques de l'année; cependant, on évite de donner l'eau par un temps de gelée ou par de grandes chaleurs. Suivant le volume des eaux dont on dispose, on les fait entrer dans plus ou moins de rigoles à la fois ; un homme, armé d'une houe, les conduit de manière qu'elles parcourent en même temps les parties de la prairie qu'on veut arroser, en ayant soin qu'elles ne restent stagnantes dans aucun endroit. Lorsque l'arrosement est terminé, on ferme les prises.

Les travaux ordinaires d'irrigation n'occasionnent aucune dépense particulière au propriétaire de la prairie ; ce sont les gens attachés à l'exploitation qui exécutent ces travaux. On n'a recours à des étrangers que lorsqu'il s'agit de refaire les rigoles ; cette dépense s'élève de 10 à 12 francs par hectare.

Les prés secs ou irrigués sont fauchés en pleine floraison, souvent même lorsqu'une partie des semences est déjà formée. La fenaison ne diffère pas de la pratique ordinaire : l'herbe est éparpillée aussitôt après avoir été fauchée. Le soir on réunit en tas ou en chaînes ce qui a été coupé le matin ; le lendemain on fane l'herbe de nouveau, on la réunit en tas, et on la rentre quand elle est définitivement sèche.

Dans la plaine de Sorrèze, le produit d'un pré arrosé se compose de trois parties distinctes : 1° des herbages du printemps qu'on fait pâturer, suivant les localités, jusqu'au mois de mai, ou seulement jusqu'à la mi-avril; 2° de la première coupe, dont le fauchage a lieu ordinairement en juin; 3° d'un regain récolté à la fin de l'été ou au commencement de l'automne. La première fauchée rend, en moyenne, 4,000 kilogrammes de foin sec par hectare; le regain ne donne que moitié de ce produit. Le prix ordinaire du foin est de 5 francs les 100 kilogrammes; le regain vaut 3 francs. D'après M. Rivals, auquel ces renseignements locaux sont empruntés, les 6,000 kilogrammes de foin sec, produit total de l'hectare, représentent une valeur de 2 ou 300 francs; le pâturage paye les frais d'exploitation. Toutes choses d'ailleurs égales, le revenu d'un hectare de prairie est au revenu d'un hectare de terre arable, comme 5 est à 3.

L'irrigation par reprise d'eau se rencontre notamment dans les cantons d'Alban, Montredon, Vabre, Brassac, Lacaune, Murat et Anglès. Dans ce système, on profite de la configuration accidentée du terrain, pour rassembler les eaux d'une ou de plusieurs sources, et les conduire dans des réservoirs artificiels placés les uns au-dessus des autres. Suivant le volume d'eau qu'ils doivent contenir, ils sont construits en terre ou en maçonnerie. Des rigoles creusées de chaque côté de la chaussée, et communiquant avec le réservoir par une vanne ou une simple voie d'écoulement, divisent l'eau sur les flancs de la montagne; un fossé placé au bas de la pente reçoit le trop plein des rigoles maîtresses et des rigoles secondaires, et les porte au réservoir inférieur, où elles se reposent et se revivifient, jusqu'à ce qu'on les emploie de nouveau à l'irrigation. Ce système ingénieux exige peu de frais; les cultivateurs de la montagne en tireraient un meilleur parti, si les rigoles étaient plus rapprochées et si l'eau avait moins de pente à parcourir : ces défauts existent presque partout.

L'eau se donne à différentes époques, suivant que les prairies sont situées dans la haute montagne ou dans la région moins élevée, désignée dans le pays sous le nom de vallon, quoique appartenant toujours à la région des montagnes.

Les premières, placées en général dans un sol de bonne qualité, profondément encaissé et bien exposé, sont arrosées tout l'hiver et se trouvent ainsi préservées de la gelée. Ce mode est suivi à Vabre, Burlats, Viane, Espérausse; l'abondance des eaux et leur fertilité, due au principe calcaire dont elles sont chargées, favorisent singulièrement la végétation de l'herbe dans ces vallons privilégiés. Dès le mois de février, elle a souvent 32 centimètres de hauteur. L'été, on n'arrose que la nuit, depuis six heures du soir jusqu'à cinq heures du matin. Dans la haute montagne, où l'eau est plus rare et doit être chaque jour recueillie pour fournir aux besoins de l'irrigation, on n'ouvre les réservoirs que pendant une ou deux heures le matin, dans les mois d'avril et de mai, tant que la gelée est à craindre. Lorsque les chaleurs sont arrivées, on arrose de préférence le soir : les prés s'imbibent mieux de la sorte, et conservent davantage leur humidité.

Les prairies de la montagne, non plus que celles de la plaine, ne reçoivent jamais de fumier. En général, on y met les bêtes à laine en février; on les abandonne aux vaches à la fin de mars ou au commencement d'avril, et elles ne sont défendues que vers le 25 mai. Suivant qu'elles ont été garanties plus ou moins tard de la dent des troupeaux, on les fauche en juillet ou en août; elles ne donnent qu'une seule coupe; le regain est pâturé. Les prairies situées dans les bas-fonds reçoivent l'eau immédiatement après la fauchaison; on les garantit pendant trois semaines ou un mois; les vaches y paissent ensuite jusqu'à la fin de novembre. L'entrée en est interdite aux moutons, de peur que, dans ces pâturages humides, ils ne prennent la pourriture. Les meilleures prairies de Viane, Burlats et

Espérausse, rendent 4 à 5,ooo kilogrammes de fourrage sec par hectare. A partir du moment où on les garantit jusqu'à celui de la fauchaison, elles fournissent encore, assure-t-on, en herbe pâturée ou fauchée verte, l'équivalent de deux coupes de prés secs; leur valeur vénale s'élève à 8 ou 1o,ooo francs l'hectare.

Dans aucune partie du Tarn on ne prend la peine de créer des prés; ce soin est abandonné à la nature; aussi les mauvaises herbes et les espèces inutiles sont-elles abondamment mêlées aux bonnes plantes à fourrage. Quelques propriétaires éclairés ont cependant donné l'exemple d'heureuses améliorations dans la manière d'établir et d'entretenir les prés. A Murat, on écobue parfois les vieux prés pour les remettre en prairies, mais sans les faire passer auparavant par une série de cultures, comme cela doit avoir lieu quand on veut créer de nouveaux prés sur d'anciennes prairies défrichées.

CULTURE DE LA VIGNE.

La culture de la vigne joue un rôle très-important dans l'arrondissement de Gaillac; les plus riches sols de la plaine, près de la ville de ce nom, lui sont consacrés; elle occupe aussi des terres de qualité inférieure sur la rive gauche du Tarn, ainsi que dans la région des coteaux. La vigne, dans les autres arrondissements, n'est qu'une branche secondaire de la culture; elle ne laisse pas, cependant, d'être l'objet d'une attention particulière dans plusieurs localités de l'arrondissement d'Albi.

La plantation de la vigne s'opère de plusieurs manières : à pal, à fossés ou à défoncement; on la travaille à bras ou par le labour.

La plantation à pal est la plus économique. Sur un chaume, sur une friche brute, on fait des trous plus ou moins profonds au moyen d'un pal qu'on enfonce avec un maillet quand le terrain offre de la résistance. Les ceps sont placés à 1 mètre 34 centimètres en carré, si la vigne doit être travaillée à bras; à 88 centimètres dans un sens, et 1 mètre 78 cent. ou 1 mètre 90 cent. dans l'autre, si la vigne doit être cultivée à la charrue. Une vigne plantée à pal n'est en rapport qu'à la sixième année; on dit que, plantée de la sorte, elle dure plus longtemps que par tout autre procédé. Ce mode de plantation convient surtout dans les terrains de landes ou de friches.

Dans la plantation à défoncement ou *à compte*, le sol est travaillé dans toute son étendue, et défoncé, à 40 ou 50 centimètres de profondeur, par deux fers de bêche suivis de deux coups de pelle; on y plante, avec le pal, les ceps de vigne à la distance voulue. Cette opération s'exécute ordinairement à prix fait; elle coûte, dans un terrain ordinaire, 5 centimes par cep de vigne, ou 250 francs par hectare. La vigne ainsi plantée est en rapport à quatre ou cinq ans.

La plantation à fossés s'exécute seulement pour les vignes soumises au labour. A 1 mètre

78 cent. ou 1 mètre 90 cent. de distance,
on trace, par deux traits de charrue, un fossé
qu'on approfondit ensuite par deux pointes
de houe bidentée. Les fossés ont 60 ou
70 centimètres de largeur, sur 40 à 45 centimètres de profondeur. On les referme partie
avec la houe, partie avec la charrue et l'on
procède ensuite à la plantation. Un hectare de
vigne planté à fossés revient, en terre douce,
à 130 francs; ces frais s'élèvent naturellement
en proportion de la ténacité du sol. On fait
aux plantations à fossés le reproche de retenir
les eaux au pied du cep, et de contrarier
l'extension des racines dans tous les sens, en
favorisant outre mesure leur développement
dans le sens des fossés.

Les principaux cépages, dans la plaine de
Gaillac, sont, pour les vins rouges : le brocol,
le piquol, le négret, le durasse, le prunelard,
le teinturier; pour les vins blancs : le mau-
sat, la blanquette, la talloche, le muscat,
l'angevin.

Ces différents cépages sont confondus dans la plupart des vignobles; leur maturité inégale, précoce chez les uns, tardive chez les autres, nuit essentiellement, soit à la quantité, soit à la qualité du vin.

La nomenclature suivante, récapitule les diverses espèces de cépages cultivées dans le département du Tarn.

PLANTS ROUGES.

NÉGRET. — Bon plant; fait un vin noir, mais plat; il donne beaucoup, s'accommode fort bien des terres maigres, dans lesquelles il réussit surtout; il y mûrit mieux qu'en tout autre sol. On en connaît deux variétés : la négrette grosse et le petit négret.

PIQUOL. — Bon plant ; fait un vin plus agréable que le négret et aussi abondant; il vient dans les mêmes terres.

BRAOUCOL. — Bon plant; fait un vin chargé, produit abondamment, mais ne donne que tard. Il veut de bonnes terres.

DURAS. — Plant excellent ; fait beaucoup de vin, mais peu chargé; il veut la meilleure terre.

OEILLADE. — Plant excellent ; fait du vin médiocre ; veut de bonnes terres ; on en connaît deux variétés : l'œillade noire et l'œillade rouge.

PRUNELARD. — Bon plant; fait du bon vin et en quantité ;
il veut une bonne terre.

PRUNELARD BORDELAIS. — Très-bon plant ; fait du bon vin
et beaucoup ; il vient à peu près partout.

PRUNELARD MUSCAT. — Très-bon plant ; fait du bon vin ;
rend beaucoup ; il veut une bonne terre.

PRUNELARD COMMUN. — Plant sujet au brouillard ; donne
beaucoup quand il réussit ; il n'est pas difficile sur la
qualité de la terre.

REDONDAL. — Bon plant ; fait du bon vin et rend beaucoup ; il vient dans les terres maigres.

ROUZAL. — Fait du vin de pauvre qualité et peu coloré ;
vient à peu près partout ; il rend beaucoup.

(Les paysans plantent en quantité ces deux derniers
cépages.)

MARUSTOL. — Fait beaucoup de vin, mais peu chargé ;
veut une bonne terre. On le plante peu aujourd'hui ;
on le trouve souvent dans les vieilles vignes.

PIQUE-POUL. — Fait un vin clair ; rend suffisamment ; vient
à peu près partout. On le plante peu.

GINOUL D'AGUSSO. — Ressemble fort au précédent.

MAROQUIN. — Bon plant ; donne un raisin à conserver ;
fait du bon vin et suffisamment ; il vient dans les terres
maigres.

MAOUROL. — Vient dans toutes les terres. On le trouve
communément dans les anciennes vignes, peu dans
les nouvelles ; il fait cependant d'assez bon vin.

Terret. — Ressemble au négret, dont il a les qualités et les défauts; il a le fruit plus gros; il vient à peu près partout, mais mûrit mieux dans les terres maigres.

PLANTS BLANCS.

L'En de lei ou Cavalier. — Plant excellent; vin doux; bonne terre.

Oundenc. — Bon plant; vin plein de feu; vient dans les terres maigres.

Mauzac. — Plant excellent; vient à peu près partout. Il a trois variétés : le mauzac roux, le meilleur de tous, vient dans les terres maigres; le mauzac vert, mûrit mal, vient à peu près partout; le mauzac dur est aussi peu difficile sur le terrain que les autres variétés; on le recherche peu. Le mauzac donne du feu au vin, surtout le mauzac roux.

Rousselet. — Bon plant; fait peu de vin, mais fort agréable; s'accommode de terres maigres.

Blanquette. — Bon plant; fait un vin chaud; vient dans presque tous les sols.

Blanquette de Frontignan. — Excellent plant; rend beaucoup de vin; il veut une bonne terre.

Crubal. — Plant médiocre; fait beaucoup de vin; n'est pas difficile sur la terre.

Curgo-Saoumo. — Plant médiocre: fait beaucoup de vin: vient à peu près partout.

Canablanc. — Plant médiocre; fait beaucoup de vin; vient partout.

(Ces trois dernières variétés ne se plantent pas dans les vignes soignées.)

Clarette. — Bon plant; fait peu de vin, mais le fait fort bon; vient partout.

Verdanel. — Plant dont on se servait autrefois pour donner du feu au vin. On l'emploie peu aujourd'hui; n'est pas difficile sur la terre.

Blanquette de Limoux. — Plant dont les raisins se conservent et se mangent l'hiver; veut de la bonne terre; fait du vin médiocre, mais rend beaucoup.

Augevi. — Plant dont les fruits se conservent; fait du mauvais vin; veut de la bonne terre.

Taloche. — Fait beaucoup de vin dans les mauvaises terres, mais vin peu agréable. On ne le plante guère.

Douçanel. — Bon plant, qui donne assez abondamment un vin passable, mais sans feu; il réussit dans les terres médiocres. On le plante peu.

Dans le canton de Gaillac, la taille de la vigne s'effectue en deux fois et à deux époques. Une première façon, exécutée avec la serpette, en octobre et novembre, enlève, à chaque souche, le bois inutile, et ne laisse que les deux ou trois brins destinés à porter fruit.

On appelle cette première taille *recurage* ou *décharge*; avant d'y procéder, on recreuse avec soin les *rases* ou raies d'écoulement.

La seconde façon consiste à couper avec un sécateur, à 2 ou 3 centimètres du dernier bourgeon, les ceps réservés par le recurage; elle a lieu en janvier, février et mars. L'introduction du sécateur a amené une économie des deux tiers dans la dépense de temps et d'argent occasionnée par cette opération.

Le provignage des ceps destinés au remplacement des souches qui ont péri, suit immédiatement la taille. A peine est-elle terminée, si le temps le permet, et si le sol est assez ressuyé, des femmes réunissent en javelles ou fagots les ceps émondés. Le cent de fagots se vend de 8 à 9 francs.

La culture de la vigne varie. Dans les vignes à bras, la première façon se donne en mars et avril; elle consiste à travailler tout le terrain avec la houe (*foussoue*), en déchaussant chaque cep et en ramenant la terre dans l'intervalle qui sépare les rangées de souches. La seconde façon porte le nom de *binage*; elle se donne un ou deux mois après, rechausse les ceps, ameublit la terre et fait périr les mauvaises herbes.

Dans les vignes soumises au labour, les deux façons se donnent avec la charrue à versoir, qui trace quatre raies entre chaque rangée de souches. Par le premier labour, on déchausse les ceps et on rejette la terre au milieu de chaque rangée. Par le second, on rechausse les ceps, et la raie d'écoulement se trouve au milieu des rangées. Après le premier comme après le second labour, des ouvriers achèvent l'opération en travaillant le terrain que la charrue n'a pu atteindre. Le labour des vignes demande à être fait par des gens habiles et soigneux qui veillent à la conservation des souches; le joug long auquel sont attelés les bœufs ou les mules facilite, du reste, beaucoup le travail. Le premier labour des vignes a lieu en mars ou avril, le second, en mai ou juin.

On fume peu les vignes; le cultivateur est trop pauvre en fumier pour se permettre ce luxe. Les seuls engrais employés sont la colombine et les terreaux-compost. L'usage de semer dans les vignes du trèfle incarnat qu'on enterre en fleurs au mois de mai commence à s'introduire.

A partir du dernier binage jusqu'à la vendange, les vignes reçoivent encore plusieurs façons, telles que :

1° L'*épamprage*, ou le retranchement des brins qui ne portent pas fruit ;

2° Le *crapaudage*, opération par laquelle on enlève les brins qui repoussent du pied ou des racines de la souche ;

3° L'*effeuillage* : on y procède quelques jours avant la maturité des raisins sur les souches trop vigoureuses. Indépendamment de ces soins, quelques propriétaires ont encore la précaution de faire creuser la terre au-dessous des raisins en contact avec le sol ; cette opération a pour but d'empêcher les grappes de pourrir.

La vendange a lieu vers la fin de septembre. Le ban qui en détermine l'époque est peu respecté; sur ce point, comme sur tant d'autres, la police rurale laisse beaucoup à désirer. La vendange se fait ainsi qu'il suit. Les raisins sont coupés par des femmes ou des enfants et tranportés, au moyen de corbeilles, dans des comportes. Des hommes, armés de fourches triangulaires, les égrappent en les agitant fortement par un mouvement de rotation contre les comportes; les râfles sont mises de côté et les comportes remplies sont chargées sur des chariots et conduites à la cuve.

Pour favoriser la coloration du vin, et peut-être aussi pour en adoucir le goût, on est dans l'usage, depuis quelques années, de faire bouillir un dixième de la vendange et de le verser chaud dans la cuve.

Les cuves sont en bois ou en béton, enfoncées en terre, de manière à permettre aux chariots de porter sur leurs bords des comportes de 1 hectolitre 40 litres de contenance ; il est d'expérience que les grandes cuves font le meilleur vin.

L'usage, à Gaillac, est de laisser le vin dans la cuve quinze jours, trois semaines, un mois même, et de mêler le vin du pressoir à celui de la cuve ; mais, avec la couleur foncée qu'on cherche à obtenir par cette double méthode, se produit souvent un fond d'acidité qui déprécie et compromet les vins. Depuis quelque temps, les propriétaires soigneux mettent à part le vin du pressoir.

Le rendement d'un hectare de vigne, à Gaillac, est, en moyenne, de 18 à 20 hectolitres. L'hectolitre se vend communément 10 francs.

Les vins renfermés dans des barriques reçoivent de fréquents ouillages ; on les soutire au printemps.

Les frais d'un hectare de vigne sont évalués ainsi qu'il suit à Gaillac :

1º Première et deuxième façon d'une vigne,

émondage compris..................... 66ᶠ 00ᶜ

2º Vendange et décuvaison................ 14 25

3º Charrois de la vendange............... 10 00

4º Intérêt des sommes avancées pour la plan-

tation................................ 34 25

Cette dernière dépense s'établit ainsi :

Plantation d'un hectare........... 150ᶠ

Travaux pendant quatre ans, à 40 fr.

par hectare.................. 160

Rente de la terre pendant quatre ans,

à 61f. par an, impositions comprises. 244

Total des frais de plantation... 544

5º Intérêt des sommes engagées pour chaix, cuves, comportes et pressoir. Une cuve coûte, avec le bâtiment qui la renferme, environ 30 fr. par pipe ; pareille somme pour le pressoir, les comportes et l'entretien du local : soit 60 fr. par pipe, et, pour 9 barriques 1/2, produit d'un hectare, 295 fr. Intérêt de cette somme, à 5 p. o/o.............................. 14 25

Total des frais d'un hectare de vigne, la

rente de la terre non comprise, non plus

que l'impôt........................ 138 75

Les vignobles les plus riches du département sont ceux de la plaine de Gaillac. Cunac fournit un vin fin d'excellente qualité, qui mériterait d'être plus connu.

CULTURE MARAÎCHÈRE.

La culture maraîchère s'exerce sur une grande échelle dans les communes de Lescure et d'Arthez, limitrophes de celle d'Albi, et situées sur la rive droite du Tarn, la première à 3 kilomètres, la seconde à 6 kilomètres du chef-lieu du département. Il y a trente ans, cette culture s'appliquait, à Lescure, à 34 hectares environ; elle occupait 19 hectares à Arthez; aujourd'hui, on porte à 55 hectares l'étendue des cultures maraîchères de Lescure; celles d'Arthez ne comprennent pas moins de 30 hectares.

Dans la commune de Gaillac, 39 hectares sont consacrés à la culture maraîchère; la plupart des jardins maraîchers se trouvent situés dans cette partie de la plaine, à l'est de la ville, qu'on désigne sous le nom d'Hortalisse.

La culture des oignons constitue l'industrie principale des maraîchers de l'arrondissement d'Albi.

Le sol de la commune de Lescure consiste généralement en un sable léger, vif, peu profond, reposant sur un lit de gravier ; il se laisse travailler avec facilité, et absorbe rapidement l'eau et les engrais.

L'hiver, on laboure le terrain à la bêche, puis on le fume ; en avril, on brise les mottes et on ameublit avec soin la surface. La terre, ainsi préparée, reçoit le plant d'oignon qu'on avait semé en pépinière dans un coin du jardin. Au moment du premier sarclage, on sème, dans la récolte principale, des graines de scorsonères, de raves, de carottes et de betteraves.

L'oignon est arraché en août. Après l'enlèvement de cette plante, les autres produits prennent un grand développement : aux premiers froids, on les conduit journellement au marché. Les oignons de Lescure sont très-renommés; ils s'exportent dans les départements voisins. On les vend communément 7 à 8 francs les 100 kilogrammes.

Le céleri, la salade, la chicorée surtout, les radis et les choux précoces, sont les autres plantes cultivées dans les jardins maraîchers de Lescure. L'hectare s'afferme 8 et 900 francs. La plupart des jardiniers sont propriétaires du terrain qu'ils cultivent. Les jardins maraîchers sont de 20 ou 25 ares; ils occupent constamment quatre à cinq personnes. Dans chacun d'eux on trouve un ou plusieurs puits à bascule; l'eau y est abondante, mais il faut la tirer de 5, 6 et même 8 mètres de profondeur. L'arrosement de 25 ares exige chaque jour le travail de deux personnes pendant huit heures. Dans les jardins plus considérables, les norias, mises en mouvement par des animaux, remplacent les puits à bascule.

Les produits des jardins de Lescure sont

portés, chaque matin, par des femmes au marché d'Albi ; des hommes les transportent à Cordes, Gaillac et Réalmont, sur des chariots attelés de mulets.

La population de Lescure et des hameaux environnants, qui se livrent à la même industrie, peut être évaluée à 1,500 âmes. Les enfants suivent, en général, la profession de leurs pères.

La culture maraîchère d'Arthez diffère peu de celle de Lescure ; mais les jardins d'Arthez, mieux abrités des vents du nord, sont consacrés plus spécialement à la production du plant d'oignon. On y joint la culture de quelques primeurs, telles que pois verts, haricots frais, laitues précoces, ainsi que des aubergines, des melons, des choux hâtifs et de diverses espèces de salade, principalement de la chicorée. Toutes ces denrées sont exportées au loin, dans des chariots traînés par des mulets.

Les habitants d'Arthez alimentent de jardinage les marchés d'Alban, Villefranche, Valence, dans le département du Tarn; ceux de Requista et de Rhodez, dans le département de l'Aveyron. A l'époque de la vente du plant d'oignon, on les trouve partout; ils sont à Gaillac, à Cordes, à Réalmont, à Albi, à Monestiés, à Castres même; il n'est foire ou marché, à vingt lieues à la ronde, sur lequel ils ne lèvent tribut. Les jardins sont communément de 20 à 25 ares, quelquefois moins, rarement plus étendus : quatre à cinq personnes suffisent à leur culture.

L'oignon se sème en pépinière à la fin de septembre et au commencement de novembre; il occupe la terre jusqu'en avril, comme plant. Quelques précautions pour l'abriter du froid, quelques fumures de colombine, et, peu de temps avant de vider le terrain, des arrosements abondants et répétés, tels sont les soins que réclame cette culture; elle est très-lucrative.

Les habitants d'Arthez, comme ceux de

Lescure, emploient beaucoup de colombine ; ils l'achètent au prix de 3 francs l'hectolitre. Le fumier leur revient à 5 et 6 francs la petite charretée ; mais ils en achètent peu, depuis qu'ils se servent de composts fabriqués avec de la chaux, des détritus de végétaux et des dépôts limoneux du Tarn.

Les choux cabus et l'ail sont les deux principaux objets de la culture maraîchère de Gaillac. Un hectare porte environ 20,000 choux, qui, vendus chacun au prix de 10 centimes, forment un produit brut de 400 francs, sans compter la vente des radis et des laitues frisées qu'on prend souvent en seconde récolte.

La même étendue de terre complantée en ail rapporte 350,000 gousses, qui, bon an, mal an, se vendent 7 francs le millier ; c'est donc un revenu brut de 2,450 francs ; les frais s'élèvent à 720 francs pour dépenses de semence, fumier et travail.

L'ail de Gaillac se vend dans le pays, mais surtout au marché de Toulouse.

TROISIÈME PARTIE.

—

BÉTAIL.

Le bétail, dans le département du Tarn, ne répond nullement aux besoins de l'agriculture. L'immense majorité des cultivateurs ne tient que le nombre de bêtes de trait indispensable pour les travaux des champs. Deux ou trois paires de bœufs ou vaches, suivant l'importance de la métairie; quelques jeunes bêtes de croît; un lot de bêtes à laine qu'on ne peut, en conscience, qualifier de troupeau; chez quelques-uns, une ou deux mules, ou bien une jument mulassière, dont les produits sont vendus, le plus souvent, à six mois; deux ou trois porcs, composent l'inventaire de la plupart des étables. Disette d'engrais, insuffisance des attelages à l'époque des travaux les plus urgents; par suite, pauvres récoltes, nécessité d'une jachère périodique, état stationnaire de l'agriculture , telles sont les conséquences immédiates de ce système vicieux; il reconnaît pour causes le dénûment absolu des métayers et la répugnance invincible du propriétaire à faire des avances autres que celles dont il ne peut s'affranchir.

Le bétail entretenu sur les exploitations rurales du département se range sous deux catégories : les animaux de trait et les bêtes de rente. A la première appartiennent les mules et les bêtes à cornes; la seconde comprend les bêtes à laine et les porcs.

MULES.

Le département était autrefois renommé pour ce genre de produits; mais, tandis que dans les contrées voisines des Pyrénées, le commerce des mules a pris une grande extension, il reste à peu près stationnaire dans le Tarn. A l'exception de certains cantons, où de riches spéculateurs font venir, chaque an-

née, du Poitou, un nombre considérable de
mules, qu'ils revendent avec profit, ce trafic
ne donne lieu, nulle part, à des transactions
importantes.

L'élevage dans le pays est fort simple.
La plupart font saillir une vieille jument par
le premier baudet qui leur tombe sous la
main. D'autres achètent une pouliche d'un
an, et la livrent au baudet lorsqu'elle est à
peine arrivée à sa troisième année. La pauvre
bête, du reste, n'est ni pansée ni étrillée;
son service se bornant à aller au moulin, on
économise la ferrure. Sa nourriture est des
plus misérables; elle consiste uniquement en
paille, excepté aux approches du part, où
l'on ajoute quelques poignées de foin et un
peu de farine de seigle délayée dans l'eau.
La jeune mule issue de ce croisement est
gardée jusqu'à l'âge de six mois; on lui
laisse teter sa mère pendant quatre mois environ; après ce temps, elle l'accompagne au
pâturage. Dans la quinzaine qui précède la

vente, le maquignonage est mis en jeu : on ajoute, chaque jour, une ration d'avoine à la nourriture du jeune animal, afin qu'il se présente avantageusement sur le marché. Une mule de six mois se vend depuis 250 jusqu'à 300 francs; le mulet vaut une cinquantaine de francs de moins. Les foires les plus suivies pour la vente des mules sont celles d'Albi, de Gaillac, de Monestiés et de Graulhet. Les animaux dont on n'a pas pu se défaire à ces foires sont écoulés sur les marchés de l'Aveyron.

Presque tous les pagès possèdent une jument tirée du Poitou, de l'Auvergne ou de la Bretagne : c'est leur bête de prédilection; ils la nourrissent copieusement, et s'en servent pour labourer avec l'araire et dépiquer au rouleau. Il n'est pas rare non plus de rencontrer chez eux de très-belles mules; celles-ci, ménagées avec soin, leur rendent de grands services. On leur donne, chaque jour, deux repas, composés de foin, d'esparcet et surtout de luzerne; elles reçoivent, en outre, des fèves lorsqu'elles reviennent de l'abreuvoir. Dans le canton de Monestiés, les mules sont nourries au vert pendant la saison du printemps. Quelques propriétaires soigneux leur font boire aussi, de temps en temps, des eaux blanches pour les rafraîchir. Ils ont l'excellente habitude de les faire raser à mi-corps aux approches des grandes chaleurs, ce qui facilite les fonctions de la peau et procure une robe plus fourrée en hiver.

BÊTES À CORNES.

Les bêtes à cornes du département peuvent être rapportées à trois types distincts : la race d'Auvergne, la race d'Anglès et la race Gasconne.

La première se rencontre presque exclusivement parmi les bœufs de labour des arrondissements de Gaillac et d'Albi, surtout dans les cantons montagneux de Pampelonne, Valderiès, Valence, Villefranche et Alban;

la seconde peuple la plupart des étables de Lacaune, Anglès, Brassac, Vabre, Saint-Amans, et du canton de Castres. Dans la partie sud de cet arrondissement, ainsi que dans celui de Lavaur, la race du pays se trouve mêlée avec la race gasconne, dite du Gers ou de l'Ile-en-Jourdain. On y voit aussi quelques bêtes agenaises, mais en petite quantité. Toutes ces races sont aujourd'hui confondues les unes dans les autres, par suite des croisements respectifs auxquels elles ont été soumises depuis une vingtaine d'années.

Les deux races prédominantes sont celles d'Auvergne et d'Anglès.

Les bœufs d'Auvergne ont le poil rouge foncé, les cornes très-développées, la tête grosse, la poitrine profonde, la côte arrondie, les hanches larges, la cuisse assez fournie, la queue bien attachée ; leurs membres sont vigoureux. La taille moyenne des bœufs d'Auvergne est de 1 mètre 40 centim. à 1 mètre 50 centimètres ; celle des vaches varie entre

1 mètre 15 centimètres et 1 mètre 35 centimètres.

La race d'Anglès, moins haute de taille, se distingue, au premier coup d'œil, par son poil gris de blaireau et la faiblesse de son train de derrière, surtout chez le taureau. A part ce défaut, elle est assez bien prise dans sa structure ; elle a les os petits, la corne courte et contournée avec grâce. Sa peau, fine, se détache aisément ; le ventre est développé, le dos écrasé ; la poitrine a de l'ampleur, les os des hanches sont convenablement écartés.

Une belle génisse de trois ans, appartenant à cette race, nous a donné les mesures suivantes : tour de la poitrine, 2 mètres ; distance de la nuque à la naissance de la queue, 1 mètre 78 centimètres ; de l'épaule à la partie inférieure du pied, 1 mètre 38 centimètres ; du museau à la naissance des cornes, 50 centimètres ; largeur du frontal, 32 centimètres ; écartement du bassin, 57 centimètres.

Une bête ordinaire de la même race présentait les proportions suivantes : tour de la poitrine, 1 mètre 90 centimètres; distance de la nuque à la queue, 1 mètre 80 centimètres; de l'épaule aux onglons, 1 mètre 32 centimètres; du museau à la naissance des cornes, 52 centimètres; largeur du frontal, 22 centimètres; écartement du bassin, 50 centimètres.

La race d'Anglès passe pour être plus sobre et plus alerte au travail que la race d'Auvergne; celle-ci, en revanche, prend plus facilement la graisse.

L'élevage se pratique principalement dans la montagne. Les métairies de la plaine ne s'y livrent que sur une petite échelle; chacune d'elles a communément une paire de croît, pour remplacer, au fur et à mesure, les animaux usés par le travail.

Dans certaines localités, le taureau commence à saillir à un an; dans d'autres, ce n'est qu'à deux ans ou trente mois. On le bistourne après quinze ou dix-huit mois de service. Dans les troupeaux un peu considérables, on le laisse en pleine liberté au pâturage avec les vaches et les génisses ; aussi n'est-il pas rare de voir de jeunes bêtes porter avant le développement suffisant de leurs forces.

Il est d'usage de livrer la génisse à la reproduction vers le trentième mois de sa naissance ; quelquefois on attend qu'elle ait trois ans révolus, trop souvent aussi, on l'abandonne au taureau aussitôt que les premiers signes de chaleur se manifestent.

Le veau d'élève tète pendant deux mois ; après ce temps, on commence à lui donner un peu de foin ; il accompagne ensuite sa mère au pâturage, et, quand la saison des herbes est passée, on le soumet au régime des bêtes adultes. Le sevrage s'opère naturellement.

Le veau d'engrais est traité avec un soin particulier. Outre le lait de sa mère, il prend encore celui des autres vaches dont les produits ont été vendus. Vers le second ou le troisième mois de sa naissance, on lui donne des pommes de terre cuites, des fèves, des ers qu'on a fait tremper pendant quelques heures dans l'eau; plus tard, on y ajoute de la farine de maïs et du pain. L'engraissement dure quatre, cinq et six mois. Après ce laps de temps, l'animal, bien conduit, pèse de 150 à 175 kilogrammes. Suivant son état de graisse, il se vend 70, 80 et 100 francs.

La plupart des veaux engraissés par les cultivateurs du Tarn sont conduits sur le marché de Béziers, d'où on les exporte sur d'autres points. Le département concourt ainsi avec l'Arriége, la Haute-Garonne et les départements environnants, à approvisionner de bétail tout le Bas-Languedoc et les principales villes de la Provence.

Dans une grande partie du département, les vaches sont employées aux charrois et au travail des terres concurremment avec les bœufs; on les attelle au joug. Sur plusieurs points de la montagne, notamment à Lacaune, Brassac, Anglès, etc. elles exécutent seules les labours et les autres opérations de la culture.

Les jeunes animaux commencent à travailler vers deux ans; à trois ans révolus, on en exige un service régulier jusqu'à dix et douze ans. En été, les bêtes à cornes font deux attelées de quatre à cinq heures chacune par jour; l'hiver, elles font une seule attelée de cinq ou six heures. Leur nourriture, pendant la belle saison, consiste surtout dans le pâturage. Le matin, avant de partir pour le travail, on leur donne de la paille avec de l'esparcet ou du foin (mêlée); le second repas se prend à midi, et ressemble à celui du matin; le soir, après avoir dételé, on envoie les animaux pacager jusqu'à la nuit. En rentrant à la métairie, ils trouvent de la paille dans les rateliers, parfois aussi du foin, quand la récolte de l'année précédente a été abondante, et que les valets ne l'ont pas gaspillée. Les vaches, dans la plaine, ne mangent communément que les fourrages de basse qualité; le meilleur foin est réservé pour les bœufs de travail et pour ceux qu'on veut engraisser.

Sauf quelques rares exceptions, le bétail, dans toutes les métairies, ne reçoit qu'une nourriture exclusivement sèche; la ressource des racines y est complétement méconnue. Au printemps, on est dans l'habitude de faucher quelques ares de farrouch, de seigle ou d'orge en vert; mais là se bornent les sacrifices pour le bétail. Après un mois de nourriture verte, les animaux sont, de rechef, condamnés à la paille et au foin récoltés l'année précédente. Toutefois, il est juste de dire que, près de Lacaune, les pommes de terre entrent, pour une petite part, dans l'alimentation d'hiver. Dans les vallées de Viane, d'Espérausse, on fait mieux encore : le bétail est nourri une partie de l'année avec des fourrages verts; les vaches ne sortent, en général, que pendant quelques heures de jour, et seulement pour prendre de l'exercice ; on leur fait manger sur place le regain des prés. Plusieurs propriétaires, dans la région basse du département, sont aussi entrés dans une voie analogue, mais trop timidement. Ils croient faire beaucoup pour le bétail en fauchant quelques ares de vesces de plus que leurs voisins, tandis qu'à l'aide de la lupuline, de l'esparcet, et surtout du trèfle et de la luzerne habilement ménagés, ils pourraient prolonger la nourriture verte jusqu'au moment du développement des panicules du maïs. Le bétail, la propreté des terres et le tas de fumier gagneraient singulièrement à l'adoption de cet excellent système ; celui-ci ne laisserait rien à désirer s'il était fortifié de l'adjonction de racines destinées à faire partie de la nourriture d'hiver conjointement avec le foin et la paille hachée.

Le prix des bœufs et des vaches de travail

varie naturellement d'après la qualité et l'âge des animaux. Une paire de vaches, race d'Auvergne, âgée de deux ans, ne se paye pas plus de 200 francs sur le marché. On a une belle paire de vaches gasconnes du même âge pour 250 francs. Une paire de bœufs de quatre ans vaut communément 400 francs; les plus beaux se payent 500 francs. Des vaches du même âge, belle qualité, coûtent 350 à 400 francs la paire; les vieilles vaches de dix à douze ans se vendent 250 à 300 francs. A Lacaune, une bonne paire de vaches du pays, sur le point de mettre bas, se paye ordinairement 400 à 450 francs.

Les vaches et les bœufs qu'on engraisse, ou, pour parler plus exactement, qu'on met en chair dans le Tarn, sont le plus souvent usés par le travail et âgés de huit, dix et douze ans. La durée de l'engraissement dépend de l'état où se trouvaient les animaux à l'époque où ils ont cessé de travailler. Suivant la saison, on les nourrit avec des fourrages secs ou verts auxquels on ajoute des tourteaux de lin, de la farine d'ers, de fèves, de maïs. A l'étable, ils consomment environ 20 kilogrammes de fourrage sec (trèfle et foin) par jour. Dourgne est le canton qui se livre le plus à cette industrie; ses vastes prairies arrosées lui en assurent en quelque sorte le monopole. Du reste, dans les domaines de cette riche contrée, on ne rencontre point d'animaux choisis pour ce but spécial; ce ne sont que des vieilles bêtes de tout âge, de toute taille, de tout poids, de toute qualité, tirées de tous les endroits, qui, après quelques mois de séjour sur la prairie ou dans l'étable, sont vendues à des spéculateurs nomades pour l'approvisionnement de Perpignan, Marseille, Toulon et les principales villes intermédiaires de l'Hérault et du Gard. Le poids des vaches engraissées à Dourgne par le procédé ordinaire varie entre 150 et 250 kilogrammes; le poids minimum des bœufs ne descend pas au-dessous de 200 kilogrammes; il est rare qu'il s'élève au delà de 450 kilogrammes.

Le poids moyen des bœufs abattus à Albi donne les chiffres suivants :

Viande.............................	300 kilogr.
Cuir...............................	30
Suif.	18
Tête, pieds et issues................	20
Total.................	368

La viande de bœuf se vend, année ordinaire, 1 franc le kilogramme, pris à l'étal du boucher.

BÊTES À LAINE.

Il serait difficile de déterminer, d'une manière exacte, les caractères distinctifs des bêtes à laine répandues dans le Tarn. Les unes sont originaires du pays, les autres viennent du Gers, de la Haute-Garonne, de Tarn-et-Garonne, de l'Aude; d'autres enfin sont descendues des montagnes de l'Aveyron. Les métairies de la plaine ne tiennent que des lots de trente, quarante et cinquante têtes de tout âge, de toute provenance, et plus ou moins mélangées entre elles par des croisements bâtards auxquels le hasard seul a présidé. On s'en défait, le plus souvent, l'année même où on les a achetées. Dans la montagne, même confusion chez les petits propriétaires. Ce n'est que dans les grandes exploitations de 60 à 80 hectares qu'on trouve cent cinquante et parfois deux cents têtes réunies dans la même bergerie. Toutes appartiennent à la race commune du pays, race médiocrement conformée, à laine grossière, mais qui, chez les cultivateurs en voie de progrès, a pris, depuis quelques années, de la taille et une laine plus fine, par suite du croisement des brebis indigènes avec des béliers tirés du Castan, sur le versant méridional de la montagne Noire et de l'Espinous, près de Murat : ces derniers passent aussi pour être d'un engraissement plus facile.

Rien de plus simple, mais aussi rien de

plus misérable que la tenue des bêtes à laine dans la partie basse du département. Généralement, elles sont confiées à une fille ou à un enfant en guenilles, auxquels le métier de berger n'apporte guère de soucis. Conduire, sans chien, le troupeau dans les bois, le long des chemins, sur les *radoubles* ou jachères, sur les friches et sur les regains de pré ; le ramener tous les soirs à la métairie, telles sont leurs fonctions ; c'est, pour eux, école de fainéantise et de maraudage ; pour le propriétaire, pauvre industrie, coûtant peu, il est vrai, mais aussi amenant mince profit et faisant peu d'honneur à la métairie.

Quelques propriétaires de cette région se livrent à la spéculation suivante : ils achètent des brebis en septembre ; celles-ci mettent bas à la fin de décembre ; on vend les agneaux 6 à 7 francs après qu'ils ont été engraissés pendant deux mois avec le lait de leurs mères, un peu de son et de vesces en farine. Le temps de la nourriture passé, on refait les brebis avec de bons fourrages. Quinze jours de ce régime permettent de les revendre avec un bénifice qui varie de 2 à 5 francs sur le prix d'achat. D'autres se défont des moutons après les avoir gardés 6 mois sur la métairie; ils conservent les brebis portières pendant toute l'année.

Beaucoup, au lieu d'élever, préfèrent engraisser. Ce commerce donne lieu à de nombreuses transactions entre la plaine et la montagne. Les cultivateurs du canton de Labruguière, entre autres, ont coutume de se rendre, tous les ans, dans la partie haute de l'arrondissement pour acheter des moutons et de vieilles brebis. Ces dernières portent une fois chez eux, ils les engraissent ensuite au pâturage; les agneaux sont vendus pour la boucherie. Ces opérations passent pour lucratives lorsqu'on a su acheter avec habileté.

Dans la partie du canton de Dourgne comprise entre les derniers chaînons de la montagne Noire et le ruisseau du Sor, tous les propriétaires possédant une certaine quantité de prairies arrosées, trafiquent sur les bêtes à cornes et les moutons. A la fin de l'été, ils achètent des bêtes à laine qu'ils tondent, engraissent au pâturage et revendent pour opérer sur de nouveaux animaux. La spéculation s'exerce ordinairement sur trois lots consécutifs; le produit des tontes constitue le bénéfice qu'on en retire. Ceux dont les prairies sont de médiocre qualité se contentent d'acheter des lots de bêtes maigres, qu'ils mettent en chair et vendent ensuite aux cultivateurs mieux placés pour engraisser. La plupart des bêtes grasses sont dirigées sur Béziers.

Dans la montagne, les troupeaux sont l'objet de soins assidus. Le bélier commence la lutte à 18 mois, les brebis mettent bas, pour la première fois, entre deux ans et demi et trois ans. La monte a lieu généralement vers la fin de septembre ou le commencement d'octobre, les agneaux naissent en mars. Tant que dure la lutte, on a soin que les béliers reçoivent une bonne nourriture. Le jour, on leur livre les pacages les plus riches; la nuit, leurs rateliers sont garnis de foin; chez les bons éleveurs, on leur donne, en outre, tous les jours, un peu d'avoine. Hors le temps de la monte, les béliers sont tenus séparés des brebis. Les agneaux tètent jusqu'à la Notre-Dame d'août. Dans plusieurs cantons, on les envoie au pâturage dès le mois. d'avril; ils sont conduits seuls au champ jusqu'à l'âge d'un an. Pendant l'allaitement, le meilleur foin et les meilleurs pâturages sont réservés aux brebis nourrices; on bistourne les agneaux à 12 ou 15 mois.

Sur certains points de la montagne, tels par exemple que le vallon de Brassac, les troupeaux de bêtes à laine se composent uniquement de brebis; dans la partie supérieure du canton, les troupeaux sont exclusivement formés de moutons. Cette distinction dans les usages s'explique par la différence des climats.

Chez les uns, les agneaux sont vendus peu de temps après le sevrage; chez les autres, à 14 mois; dans quelques localités, on les vend, comme moutons, à deux et trois ans; les femelles sont communément réservées pour régénérer le troupeau, à mesure qu'on se débarrasse des bêtes les plus vieilles.

La nourriture d'été consiste principalement dans le pacage des jachères et le pâturage des prés avant la mise en défens et après la fenaison. L'hiver, dans beaucoup de cantons, on est obligé de tenir les troupeaux renfermés pendant plusieurs mois consécutifs, à cause du mauvais temps. Le régime alimentaire consiste alors, suivant les localités, en branchages de peupliers, de chênes, de châtaigniers et de frênes; dans les pays plus riches, les troupeaux reçoivent, chaque fois qu'ils ne peuvent sortir, du foin ou du trèfle avec de la paille.

La tonte a lieu, dans la plaine, vers la fin de mai ou les premiers jours de juin; dans la montagne, il en est qui font tondre leurs troupeaux du 8 au 15 juin; et d'autres depuis la Saint-Jean jusqu'au 8 juillet. Le poids des toisons varie suivant les diverses races nourries dans le département. De bons moutons du Gers rendent 3 kilogrammes de laine, les brebis de même race de 1 kilogramme 500 grammes à 2 kilogrammes. Le kilogramme vaut 1 franc 60 centimes. D'autres races de la plaine donnent, les unes 2 kilogrammes de laine, en raie, au prix de 1 franc 50 centimes le kilogramme. Quelques autres 2 kilogrammes 500 grammes à 3 kilogrammes.

Dans la montagne, les toisons sont généralement plus légères; à Alban, à Brassac, on ne dépouille pas plus de 1 kilogramme 500 grammes par bête; à Lacaune on obtient 1 kilogramme 750 grammes.

Le poids moyen des bons moutons du pays,

à l'âge de trois ans, varie entre 30 et 35 kilogrammes; le mouton se vend communément
1 franc 20 centimes le kilogramme pris à
l'étal du boucher.

Les prix des bêtes à laine maigres s'éche-
lonnent ainsi qu'il suit à Brassac :

```
Agneaux d'un an..............  8, 10 et 12ᶠ
Moutons de deux ans..........  13 à 16
Moutons de trois ans.........  16 à 18
Brebis de sept ans...........   5 à  6
```

PORCS.

Il n'est pas une seule métairie du Tarn,
quelque minime qu'elle soit, où l'on n'élève
quelques porcs, soit pour être vendus au
marché, soit pour être consommés dans
l'exploitation. Ces animaux sont tenus, en
général, à moitié perte et profit. Lorsqu'il
y a trois cochons sur un domaine, le propriétaire choisit celui qui lui convient le
mieux, le métayer en prend un autre; le
troisième est vendu, et le prix qu'on en

retire sert à repeupler la porcherie de jeunes
élèves.

Les cochons nourris dans le Tarn appartiennent à deux types principaux : la race
noire du Lauragais et la race blanche dite
d'Auvergne.

Les premiers sont longs et hauts sur jam-
bes ; ils ont le dos courbé en arc, le ventre
resserré, la poitrine étroite ; leur charpente
osseuse est très-forte ; leurs oreilles sont grandes et pendantes ; en un mot, leur confor-
mation indique des animaux peu propres à
l'engraissement. Cette race est surtout commune dans la partie basse du département ;
on l'y rencontre tantôt pure, tantôt croisée
avec des animaux tirés du Gers. Ces derniers
se reconnaissent, au premier coup d'œil, à
leur couleur blanche et noire ainsi qu'à leurs
oreilles courtes et droites.

La race blanche, dite d'Auvergne, a les
oreilles très-fortes ; son dos est moins ar-
qué, son ventre a plus de profondeur, sa poi-

trine est moins étroite et ses quartiers sont plus développés que dans la race du Lauragais; elle passe pour être plus facile à engraisser.

La plupart des métairies ne tiennent pas de truies pour la reproduction; on se borne à acheter de jeunes bêtes de trois mois qu'on garde jusqu'à un an et demi; on les renouvelle par la voie du marché, au fur et à mesure des besoins. Ceux qui élèvent, font couvrir la truie à un an. Les petits têtent pendant trois mois; on les châtre à trois semaines. Quand ils sont sevrés, on leur donne, trois ou quatre fois par jour, des soupes composées de choux, de pommes de terre et de son, mélangées parfois avec de la farine de maïs; ils vont ensuite pacager jusqu'à 12 ou 15 mois. Parvenus à cet âge, on les soumet à un autre régime dont le but est l'engraissement. Au lieu de les laisser vaguer tout le jour dans les bois, le long des routes ou sur les friches, on commence par restreindre

leur exercice à quelques heures de prome-
nade ; on augmente en même temps, par degrés, la dose de nourriture ; on ajoute du son
aux pommes de terre et aux débris de cuisine qui forment leur ration journalière. Dans
la dernière période de l'engraissement, on recourt à la farine de maïs. Suivant les localités, le maïs est donné cru et en grains, ou
bien cuit ; on emploie, en outre, les fèves,
les glands ainsi que l'avoine et le seigle cuits.
La durée de l'engraissement est de trois à
quatre mois.

Le poids moyen des cochons engraissés à
15 mois varie entre 150 et 200 kilogrammes.
Le kilogramme vaut communément sur pied
80 centimes ; chez le charcutier 1 franc 20 centimes.

Les cochonnets de trois mois se vendent
de 12 à 15 francs. A l'âge d'un an, ils se
payent, maigres, 50 à 60 francs. Ces prix,
du reste, sont sujets à de grandes variations.

Par les détails qui précèdent, il est facile

de juger combien le département du Tarn a de progrès à réaliser sous le rapport de la production animale. En général, tout ce qui concerne le bétail laisse beaucoup à désirer. Presque toutes les étables sont basses, étouffées et mal distribuées; le sol, ni pavé, ni carrelé, est défoncé en peu de temps, de telle sorte que, dans les étables à bœufs, il y a souvent une différence considérable d'élévation entre les deux points du terrain correspondant aux membres antérieurs et aux pieds de derrière de l'animal.

Les bergeries manquent d'air et d'espace; les toits à porcs sont, pour la plupart, des bouges infects. Rarement les logements des animaux sont-ils vidés plus de deux fois la semaine; le plus souvent même on ne cure les étables que tous les huit ou dix jours. Lorsque la litière n'est pas assez abondante pour absorber les urines, celles-ci séjournent dans les enfoncements du sol ou croupissent sous les animaux quand elles ne vont pas se perdre dans la cour. L'hiver, beaucoup de cultivateurs sont dans l'habitude de boucher toutes les ouvertures des étables ; leurs animaux, renfermés alors dans des espèces d'étuves, aspirant un air vicié et passant subitement d'une température très-élevée à l'air froid de l'extérieur, contractent des affections de poitrine qui finissent par se transformer en maladies endémiques. Des soins hygiéniques bien appliqués, un bon régime alimentaire seraient le plus sûr moyen de prévenir ces épizooties meurtrières dont tant de troupeaux ont été la victime, depuis quelques années, dans le canton d'Alban.

La manière de nourrir le bétail appelle aussi une réforme urgente dans les habitudes des métayers et des maîtres-valets. Quel bon résultat attendre de fourrages logés de manière à recevoir les miasmes de l'étable à travers les planches mal jointes ou même les simples gaules qui, dans beaucoup de métairies, forment l'unique séparation entre les animaux et le grenier à foin? La santé du bétail ne doit-elle pas, en outre, souffrir considérablement de ces transitions brusques de l'abondance à la disette auxquelles tous les agents de la culture le soumettent? L'année a-t-elle été favorable aux récoltes fourragères, on n'épargne pas la nourriture pendant les premiers mois de l'hiver; les animaux n'ont rien à désirer; leurs repas ne se font point attendre, les rateliers sont toujours pleins, le bétail est gorgé jusqu'à satiété. Cette prodigalité dangereuse cependant ne peut longtemps se prolonger dans un pays où l'on ne s'aventure guère à étendre la sole des plantes fourragères au delà des besoins rigoureusement calculés, et où l'on ne cultive pas de racines pour la nourriture du bétail. L'hiver n'est point passé, que la provision est presque entièrement dissipée; il faut néanmoins faire vivre les attelages, il faut surtout cacher au maître les abus commis et la famine qui menace. Que fait-on? On rationne tout à coup

26.

les animaux. Naguère ils vivaient au sein de l'abondance, il faut maintenant qu'ils supportent la disette. La paille, cet utile auxiliaire lorsqu'on la donne hachée en addition aux fourrages et aux racines, devient la ressource nécessaire. On l'administre d'abord en forte proportion avec quelques restes de foin; bientôt elle forme l'unique provende dont on puisse disposer; il faut, à son tour, la ménager. Pendant ce temps, le bétail pâtit, il languit, maigrit, dépérit, et c'est ainsi qu'il arrive épuisé à l'époque des travaux du printemps, après avoir passé par les privations et les misères de tous genres.

A ces maux le remède est possible. Que l'air circule librement au milieu des étables; que les animaux reposent sur un terrain bien assaini; que leur litière soit fréquemment renouvelée. Donnez plus d'extension aux récoltes fourragères, faites-en la base de vos rotations, au lieu de les reléguer sur un coin perdu de vos champs; exigez que les four-

rages soient bottelés, ou du moins qu'on mesure chaque jour la ration du bétail afin d'é-
tablir de l'uniformité dans les distributions;
réglez les repas des animaux; rendez-les plus
sains, plus profitables, et partant plus éco-
nomiques en variant l'alimentation exclusivement sèche avec des racines, soit betteraves,
pommes de terre, rutabagas, navets, ou, à
leur défaut, avec des topinambours, cette
plante si rustique, que tous les cultivateurs
de l'arrondissement de Moissac donnent avec
avantage, en hiver, aux bœufs et aux vaches
ainsi qu'aux troupeaux de bêtes à laine; que
la paille, au lieu d'être administrée comme
nourriture principale, soit le complément ordinaire des fourrages, que le hache-paille la
divise et la rende ainsi d'une digestion plus
facile. Multipliez les pansements à la main;
évitez de livrer vos animaux à la reproduction
avant que leurs forces soient suffisamment
développées; ayez soin de ne pas les faire travailler trop jeunes; n'épargnez ni les four-

rages ni le grain pendant le premier âge ;
gardez-les à l'étable pendant la plus forte chaleur du jour ; après l'attelée du soir, qu'ils
trouvent une nourriture abondante dans la
crèche, au lieu d'errer une partie de la nuit
dans les champs à la recherche d'une herbe
rare et chétive ; que les fourrages verts forment leur nourriture principale pendant la
belle saison ; enfin, qu'ils aient toujours à
leur portée une eau saine et abondante, et la
plupart des imperfections qu'on observe aujourd'hui dans presque toutes les métairies
relativement à la tenue des animaux dis-
paraîtront. Le bétail mieux soigné, mieux
nourri, mieux ménagé, acquerra plus de forces, sera moins sujet aux maladies ; il donnera
plus de travail, fournira plus d'engrais et un
fumier de meilleure qualité, et sera, en définitive, d'une défaite plus facile. Ces avantages, il nous semble, sont assez grands pour
mériter toute l'attention des propriétaires du
Tarn, et les décider à faire quelques sacri-

fices en faveur d'une branche aussi importante que celle du bétail.

FABRICATION DU FROMAGE DE ROQUEFORT.

La fabrication du fromage de Roquefort
est l'objet d'un commerce lucratif dans plusieurs localités montagneuses de l'arrondissement de Castres; le canton de Lacaune, entre
autres, se livre avec succès à ce genre d'industrie.

On se sert exclusivement de lait de brebis
pour confectionner cette espèce de fromage.
Les brebis sont traites une fois par jour, entre
7 et 8 heures, le matin; le soir, après la rentrée du pâturage, on les met en communication avec leurs agneaux; on les en sépare
pendant la nuit. Le lait est immédiatement
reçu dans des vases en bois; on le verse ensuite dans des vases en terre vernie en le
faisant passer à travers un linge, puis on le
transvase dans une marmite en cuivre en le
versant au-dessus d'un tamis. Ces opérations

s'accomplissent dans l'intérieur de la bergerie. Une fois terminées, on porte le lait à la métairie. Là, on introduit la présure dans le liquide, dans la proportion de deux cuillerées pour 25 litres de lait : cette présure est faite avec la caillette d'un chevreau. Il faut deux heures environ pour que le caillé soit bien formé. Après ce temps, on coupe la masse caséeuse avec une espèce d'écumoire appelée *casse,* dans le but de la débarrasser du petit lait qu'elle renferme. Cela fait, on la comprime, on la met dans une forme, et on l'y pétrit avec soin. Quand la pâte est bien divisée, on la place sur un linge, et on la fait entrer, ainsi enveloppée, dans la forme; on presse sa partie supérieure avec un tampon de bois qui y reste superposé pendant deux jours. Le fromage est alors tiré de la forme; on le débarrasse du linge qui le renferme; on le sale, par une sorte de friction sur toutes ses faces, avec du sel pilé, et on le remet dans la forme. Il y demeure

pendant plusieurs jours, jusqu'à ce que toutes
ses parties soient bien consolidées. Ce résultat
est-il obtenu, on le pose sur une table garnie
d'un linge, afin d'achever de lui enlever son
excès d'humidité. Cette table doit être placée
dans un endroit sec. Quelques jours après,
on porte le fromage dans un autre local exempt
d'humidité, plus frais cependant que le premier, et où l'air ne se renouvelle pas. De là,
on le fait passer dans une troisième pièce
plus fraîche dont on ouvre les fenêtres après
le soleil couché, en ayant soin de les fermer
le matin avant le jour, de peur du soleil et
surtout des mouches. C'est dans cette dernière pièce que le fromage prend une couleur
verdâtre, et que ses qualités se développent.
Après cette épreuve, on n'a plus qu'à le placer dans les caves du pays : elles ont 6 à 8
degrés de chaleur à Lacaune. Il faut deux
mois de cave au fromage pour qu'il soit suffisamment fait, c'est-à-dire propre à être livré
au commerce. Chaque fromage représente

18 litres de lait, et pèse ordinairement 2 kilogrammes. La vente principale des fromages, façon de Roquefort, a lieu à la foire du 15 août; le kilogramme se paye 2 francs.

Le fromage fabriqué à Lacaune est remarquable par la qualité de sa pâte et sa facilité à se conserver. On n'introduit pas de pain pilé et moisi entre chaque couche de caillé, ainsi que cela se pratique à Roquefort. Les caves de ce pays ont, sur celles du département du Tarn, l'avantage d'être ventilées par des courants d'air qui activent singulièrement la maturité du fromage.

ENGRAISSEMENT DE LA VOLAILLE.

Le département du Tarn élève et engraisse, chaque année, un grand nombre d'oies et de canards. Cette spéculation constitue souvent trois branches particulières de commerce; les uns font éclore les œufs et vendent les oisillons dès le premier âge; les autres élèvent jusqu'à six ou sept mois; après ce temps, les oies sont achetées par ceux qui doivent les engraisser. L'éclosion a lieu communément dans les premiers jours du mois de mai; quinze jours après leur naissance, les oisillons valent 2 francs 50 à 3 francs la paire. A la fin de septembre ou au commencement d'octobre, on les vend 6 et 8 francs la paire. L'engraissement a lieu quelquefois dès la mi-octobre, le plus souvent dans le courant de novembre; il dure un mois. Les oies mises à l'engrais consomment, chacune, 30 litres de maïs; elles sont tenues dans un repos absolu et dans un lieu obscur; soir et matin on leur ingurgite le maïs cru, à l'aide d'un entonnoir. Une oie grasse pèse 8 ou 10 kilogrammes et se vend 12 à 13 francs.

Les procédés d'élevage et d'engraissement des canards ne diffèrent pas de ceux usités pour les oies. Une paire de canards, achetés quelques jours après leur naissance, se paye 1 franc 25 cent. au mois d'octobre, avant l'engraissement, ils valent de 3 à 4 francs la paire. Un canard consomme environ 15 litres de maïs pour arriver à un haut point de graisse.

INDUSTRIE SÉRICICOLE.

Depuis quelques années, l'industrie séricicole a pris un développement remarquable dans le Tarn ; on doit ce progrès à l'impulsion donnée par la société des soies de Lavaur.

Excepté chez un petit nombre de propriétaires qui opèrent sur une grande échelle, toutes les éducations roulent sur trois, quatre et cinq onces de graine.

La variété de vers la plus recherchée est celle de Valraugue ; la méthode d'éducation la plus usitée est celle de Dandolo.

L'éclosion se pratique, chez les uns, dans une pièce chauffée avec un poële, chez les autres, au moyen d'une couveuse artificielle ; elle a lieu communément à la fin d'avril ou dans les premiers jours de mai.

La température des ateliers, pendant l'éducation, n'offre rien d'uniforme ; chacun se guide d'après son expérience et sa position particulière. Dans plusieurs magnaneries on chauffe à 19 et 20 degrés aux deux premiers âges, et seulement à 17 degrés pour les âges suivants.

Même diversité à l'égard du nombre des repas. Certains propriétaires se contentent de trois repas par jour à tous les âges, d'autres en donnent quatre ; dans plusieurs magnaneries, les vers reçoivent six repas par jour au premier âge, et quatre seulement aux âges suivants. MM. Seguin et Claude, à Albi, donnent huit repas à chaque âge.

Chez plusieurs éducateurs, on distribue la feuille coupée menue pendant les deux premiers âges ; elle est encore coupée, mais plus grossièrement, au troisième âge ; chez quelques-uns, les vers la reçoivent entière au dernier âge. Dans beaucoup d'ateliers, on donne la feuille sans être mondée. Cette manière de procéder a l'inconvénient d'apporter beaucoup d'irrégularité dans les rations composant chaque repas.

La feuille dont on fait la plus grande consommation dans le Tarn est celle du mûrier sauvage; beaucoup de propriétaires emploient aussi la feuille du mûrier rose; un petit nombre a recours au multicaule.

Presque partout, tamis et papiers ou calicots percés avec un emporte-pièce, sont adoptés; les filets sont employés exceptionnellement à cause de la dépense qu'ils occasionnent : on apprécie leur utilité.

En général, les délitements ne sont pas assez fréquents. Beaucoup d'ateliers sont trop étroits; dans la plupart, l'air ne se renouvelle qu'avec peine ; on en rencontre quelques-uns disposés de manière à établir, à volonté, des courants d'air chaud et d'air froid.

Les clayons en fil de fer et en bois sont très-répandus.

La coconnière à la d'Avril ne se voit que chez quelques éducateurs. Généralement, on

se sert de bruyères implantées dans des li-
teaux de bois pour la montée des vers; plusieurs emploient aussi les tiges du colza; on
dérame vers le sixième jour.

Certains éducateurs *font la graine* d'une
manière remarquable. Le procédé suivi chez
M. Montalivet mérite d'être connu. Cet habile magnanier choisit, avec le plus grand
soin, les papillons destinés à la reproduction;
il les accouple, vers huit heures du matin,
dans une chambre demi-obscure, et les sépare à quatre heures. La graine est reçue sur
une toile; on la lave avec du vin léger coupé
avec de l'eau; après l'avoir fait sécher, on la
conserve suspendue dans une pièce qui soit
fraîche en été, à l'abri de la gelée en hiver.

Les résultats obtenus chez les principaux éducateurs présentent des chiffres très-variables.

M. Montalivet compte, en moyenne, sur
41 kilogrammes de cocons par once de graine;
quand l'éducation a parfaitement réussi, il
atteint 50 kilogrammes.

Chez M. d'Arthus, 62 grammes de graine ont donné, en 1843, 36 kilogrammes de cocons, les vers ayant consommé 600 kilogrammes de feuilles; en 1844, 75 grammes de graine ont produit 100 kilogrammes de cocons, les vers ayant consommé 1,503 kilogrammes de feuilles. Le kilogramme de cocon s'est vendu 4 fr. 60 c.

En 1844, Mme Gorsse, à Albi, a obtenu 130 kilogr. de cocons de 3 onces de graine.

D'après le relevé de ses comptes, M. Pinel-Pagès a retiré, en 1830, 235 kilogrammes de cocons de 163 grammes de graine (5 onces 1/3.) Ses vers ont consommé 5,231 kilogrammes de feuilles; ils occupaient :

	mètres	cent.
Au 1er âge	7	25
Au 2e âge	14	33
Au 3e âge	33	18
Au 4e âge	81	02
Au 5e âge	154	00

Les dépenses, pendant l'éducation, se sont élevées à 208 fr. 14. c.

MM. D'Arthus, Séguin et Claude, estiment qu'une once de graine exige de 5 à 600 kilogrammes de feuilles mondées.

Le revenu brut d'une once de graine (25 grammes) a été de 153 francs, en 1844, chez M. D'Arthus; chez Mme Gorsse, il s'est élevé à 160 francs.

L'industrie séricicole, introduite dans le département, et fortement encouragée par M. de Fontanges, évêque de Lavaur, jouit aujourd'hui d'une grande vogue dans cet arrondissement, ainsi que dans celui d'Albi. Les éducateurs s'y livrent avec zèle et succès. Familiarisés avec les méthodes dites nouvelles, ils leur ont emprunté ce qu'elles ont d'économique. Malheureusement, la plupart des mûriers du pays sont dans un état déplorable. Les vieux pieds sont presque tous mutilés; on compte à peine quelques sujets greffés au milieu des sauvageons qui bordent les terres; la taille est défectueuse; la culture des arbres est elle-même fort négligée. A notre avis, les propriétaires ne sauraient mieux tirer parti du voisinage des Cévennes qu'en faisant venir, chaque année, d'habiles praticiens pour enseigner aux agents de la culture l'art de tailler et de conduire les mûriers : cette amélioration importante appelle l'attention des éducateurs et réclame la sollicitude de l'autorité départementale.

QUATRIÈME PARTIE.

———

Les pratiques agricoles du Tarn ont été décrites, d'une manière générale, dans le travail qui précède. Le plan même de l'ouvrage nous obligeait à laisser de côté l'industrie privée, pour nous attacher spécialement à l'agriculture du département étudiée dans l'ensemble de ses besoins et de ses ressources. Toutefois, un sacrifice de ce genre aurait nui au tableau que nous nous sommes proposé d'esquisser, si nous n'avions eu l'idée de présenter, à la suite de nos recherches, l'exemple d'une exploitation particulière du pays reflétant ses cultures, et montrant le but qu'on peut atteindre dans les conditions ordinaires d'une propriété bien conduite.

Cette exploitation modèle, nous l'avons

rencontrée dans l'arrondissement de Gaillac.
Instruments perfectionnés, labours profonds,
rotation judicieusement établie, bétail choisi,
nombreux et bien nourri, fumiers confec-
tionnés avec soin, prairies naturelles et artificielles traitées suivant leur importance : tout
s'y trouve réuni. L'habile propriétaire qui la
dirige est né dans le Tarn ; il en connaît tous
les usages agricoles ; les modifications qu'il y
a apportées sont le fruit de son expérience
personnelle et des observations qu'il a re-
cueillies en voyageant dans les contrées où
l'agriculture est le plus florissante : le succès
le plus complet a couronné sa pratique. Nar-
rateur sincère et modeste, il dit simplement
ce qu'il a fait ; ce qu'il raconte, nous l'avons
vu ; avec lui nous avons parcouru ses champs,
visité ses étables, interrogé ses comptes. Le
mémoire qu'on va lire est l'exposé fidèle de
ce qui se passe chez M. le baron Charles
Séré, de Rivières. Ses notes, qu'il a bien
voulu nous communiquer, formaient natu-

rellement le complément de notre travail; elles serviront, en quelque sorte, de contrôle à nos propres observations.

« Le domaine de Rivières se compose de 130 hectares 42 ares, divisés ainsi qu'il suit :

	hectares	ares
Bois.....................	11	80
Vignes...................	11	00
Prés.....................	9	48
Pâtures..................	2	39
Maisons et jardins...........	1	00
Chènevières...............	1	50
Terres labourables..........	93	25
Total..........	130	42

« Ces terres sont partagées en quatre exploitations : trois domaines cultivés à moitié fruit par des métayers, et un faire-valoir, confié à des maîtres-valets, travaillé sous mes yeux et d'après ma direction.

« Les métairies contiennent chacune environ 21 hectares de terres labourables, 1 hect. 50 ares de prairies, et 1 hectare de vignes.

« Le faire-valoir se compose de 30 hectares

25 ares de terres labourables, 4 hectares
30 ares de prairies, et 8 hectares de vignes.

« Le domaine de Rivières est situé dans
la plaine qui s'étend en amont de Gaillac, sur
la rive droite du Tarn, entre cette rivière et
les coteaux. Les terres en sont généralement,
profondes et riches; elles reposent sur un
sous-sol de gravier, et sont peu sujettes aux
brouillards. Sur 93 hectares de terres labourables, on peut compter environ 24 à 25 hectares de terres argilo-calcaires; le reste est
argilo-siliceux.

CONDITIONS FAITES AVEC LES MAÎTRES-VALETS.

« Je ne cultive mon faire-valoir que depuis
huit ans. Je l'ai fait travailler pendant sept
mois par des valets à gages, nourris et entretenus chez moi; mais, fatigué de l'assujettis-
sement et des ennuis qu'entraîne ce mode
d'exploitation, j'ai fait venir, il y a un an,
un maître-valet et sa famille, aux conditions
suivantes :

« Je lui donne :

Blé.	20 hectol. estimés. . .	400 francs.
Maïs.	15.	150
Colza.	0, 50 litres.	10
Pommes de terre.	6. h.	15
Vin.	3. h.	30
Argent.		200
Total.		805

« Il a de plus : 1° la faculté d'ensemencer, à moitié fruit, un demi-hectare de chanvre, lin et légumes; 2° les cochons sont à moitié frais et moitié profit; 3° le maître-valet tient dans le troupeau deux brebis ou deux moutons achetés à ses frais; 4° le bois de chauffage lui est fourni.

« Moyennant ces conditions, le travail de toute la famille m'est acquis. Elle se compose du maître-valet et de sa femme, l'un et l'autre pleins de force et de santé; de deux garçons, l'un de 19 ans, l'autre de 15; d'une fille de 18 ans, qui guide le troupeau; d'une petite fille de 13 ans, qui garde les cochons; et de deux petits garçons de 7 et 5 ans, qui aideront à garder les vaches, les dindons, etc. Originaires des environs de Castres, le père et son fils aîné sont de bons cultivateurs ; ils ont un goût particulier pour le bétail. Mes étables n'ont jamais été mieux tenues que depuis qu'ils les dirigent.

« L'inconvénient de nourrir des valets à ma cuisine m'y a fait renoncer ; ils me revenaient, du reste, plus cher que les maîtres-valets. J'avais deux valets et deux bergers.

Les deux valets me coûtaient pour leurs gages	320 francs.
Pour leur nourriture et leur entretien, au moins autant.	320
Le berger recevait 100 francs de gages et son entretien.	250
Le vacher avait 60 francs et son entretien .	180
Total.	1070

« Trois journaliers sont, en outre, pendant toute l'année, attachés à mon exploitation ; ils reçoivent 80 centimes du 1ᵉʳ novembre au 1ᵉʳ mars, et 1 franc le reste du temps. Pour le travail des vignes à la houe, ils reçoivent 1 franc 25 cent. pour la fauchaison des prairies, 1 franc 25 cent. et la nourriture en sus. Les journaliers font, chez moi, journée entière : la journée commence et se termine avec le jour. Ils font, en hiver, deux repas, et en été trois.

« Les sarclages, fanages, nettoyage des grains, une partie des *travaux du sol* sont, en outre, exécutés par des femmes; elles reçoivent 60 centimes par jour, en toute saison et pour tout travail, excepté pour la moisson et pour les *travaux du sol*.

CONDITIONS AVEC LES MÉTAYERS.

« Les métairies sont à moitié fruit et à *semence perdue,* c'est-à-dire que le maître prend la moitié de tous les grains, et que le métayer fournit, sur sa part, toutes les semences. Les bestiaux et le troupeau sont à cheptel ordinaire, moitié perte, moitié profit. Le métayer tient trois porcs, achetés à frais communs et dont le profit se partage. Les charrettes, fournies par le maître, sont entretenues à frais communs. Les métayers nourrissent le charron ; son salaire reste à la charge du maître. Les instruments aratoires et leur entretien sont à la charge du métayer. Ce dernier fournit, en outre, sur sa part, 4 hectolitres de blé, pour *aide de taille*, 18 paires de volailles et 200 œufs. Pour engager mes métayers à semer des fourrages artificiels, j'ai consenti à payer la moitié des semences de trèfle, luzerne, esparcet, etc.

« Les familles de mes métayers se composent de trois hommes, deux femmes, et un berger ou une bergère.

ASSOLEMENT.

« J'ai trouvé installé chez moi l'assolement biennal du pays : blé et millet, ou légumes dans les bonnes terres ; blé et jachère dans les autres. Cet assolement biennal est, on le sait, celui qui s'améliore le plus facilement. Il est devenu chez moi, par la suppression des jachères, l'introduction des trèfles et des vesces-fourrages, un assolement de six ans, dans lequel trois soles sont consacrées au blé, une au trèfle; deux tiers de sole aux vesces noires et au trèfle incarnat, au sainfoin et millet-fourrage; une sole un tiers est réservée à la culture des plantes sarclées, millet, fèves, vesces, haricots, qui se sèment toujours sur labour profond. Cet assolement est libre, et je ne m'impose d'autre loi que de ne faire revenir le trèfle que tous les six ans. En dehors de l'assolement je cultive 3 hectares de grande luzerne.

« Ainsi ces 30 hectares 25 ares qui composent mon faire-valoir sont ainsi divisés :

En blé.	13 hectares	50 ares.
En plantes sarclées	6	00
En trèfle ou fourrages	7	50
En grande luzerne	3	00

« Si l'on joint à ces 10 hectares 50 ares

de grande luzerne, ou de trèfle et fourrages, 4 hectares 30 ares de prairies naturelles, on verra que je suis à même de faucher tous les ans près de 15 hectares sur 34.

« Dans mes métairies, la proportion des fourrages est moins forte ; mais leur assolement biennal, blé et légumes, blé et jachère, s'est également amélioré par l'introduction du trèfle, par la culture hors assolement d'un hectare de grande luzerne, et celle des fèves et vesces.

BLÉ.

« La moitié de la sole de blé est ensemencée en bladette, l'autre moitié en blé rouge fin.

« Je sème aussi, depuis quelques années, dans mes terres les plus riches, 4 à 5 hectolitres de gros blé rouge de Roussillon qui, à l'avantage de ne point verser, joint celui d'une maturité précoce.

« Les semences du blé se font chez moi du 15 octobre au 8 novembre, dans la proportion de 1 hectolitre 66 litres par hectare. Deux ou trois jours avant de l'employer, on crible avec soin le blé de semence et on le baigne dans une comporte d'eau, dans laquelle on a fait dissoudre du sulfate de cuivre.

« La meilleure préparation pour la culture du blé est toujours la jachère; elle reçoit chez moi deux labours en planches, de 20 à 27 centimètres de profondeur, donnés à la charrue à versoir, et suivis de deux ou trois labours à la petite charrue du pays; du reste, je n'use de la jachère que dans les cas extrêmes.

« Après la jachère, les précédents les plus favorables à la culture du blé, sont les cultures des fèves et des vesces. Ces deux plantes, la première surtout, qui nécessitent des sarclages de printemps et permettent des labours d'été, passent, à bon droit, pour des cultures améliorantes. Le blé vient très-bien également sur défrichement d'esparcet et de trèfle. Le trèfle incarnat, le maïs, les pommes de terre sont de fort mauvais précédents pour le blé. Il ne m'a jamais paru se ressentir beaucoup des cultures de haricots ou de betteraves. Après les vesces noires, fauchées comme fourrage, le blé se couche facilement au printemps. Sur les défrichés de grande luzerne, il ne se comporte bien qu'à la troisième ou quatrième année.

« La semence du blé est répandue à la volée, et recouverte par un trait de petite charrue dans les boulbènes, et, par un trait de herse, dans les terres argilo-calcaires. On sème par planches de 2 mètres dans ces dernières terres, et par petits sillons de $0^m,90^c$, dans les premières.

« Les boulbènes se trouvent bien d'être semées avec le sec et dans la poussière, alors que les sols argilo-calcaires demandent à être un peu humides et même mouilleux pour recevoir la semence dans les conditions les plus désirables.

« L'émottage est exécuté par des femmes avec des masses en bois. C'est un travail difficile à contrôler et qui partout se fait mal; pour le remplacer, je me sers avec succès, depuis trois ans, du rouleau-squelette, ou d'un petit rouleau de pierre.

« Les raies d'écoulement sont tracées avec grand soin, à la charrue, et recreusées avec la houe. J'attache à ce travail une grande importance.

« Le hersage du blé au printemps n'a pas été essayé chez moi; j'en ai donné plusieurs fois l'ordre, la répugnance de mes gens a toujours rendu vaines mes dispositions. Pour parer à ce mauvais vouloir, je me sers avec avantage, depuis trois ans, du rouleau-squelette. Cet instrument, pénétrant dans le sol à une profondeur de 5 à 6 centimètres et y ouvrant de petits sillons, ameublit le terrain dans les boulbènes, le tasse dans les terres calcaires, divise les pieds de blé et le fait taller.

« Le sarclage du blé a lieu au mois d'avril
et se continue au mois de mai. Il est exécuté
par des femmes et laisse beaucoup à désirer.
Les plantes, qui, le plus généralement, sa-
lissent nos cultures de blé, sont les chardons,
le raifort sauvage et surtout la folle avoine.
Cette dernière plante a pris dans nos cultures
et surtout dans les défrichés de fourrages
artificiels un développement effrayant ; elle
envahit tout et trompe cruellement l'espérance du laboureur. Les récoltes sarclées, les
labours d'été sur chaume sont vainement
employés pour favoriser la naissance et la
destruction de cette plante. On dit que l'a-
voine, semée et coupée pour fourrage, rem-
plirait mieux le but que toute autre méthode.
Il faudrait probablement user du remède
pendant deux ans de suite. Je me souviens
d'avoir semé de l'avoine mêlée de vesce noire
sur des terres excellentes, mais fatiguées de
blé, que me laissaient mes métayers. L'hiver
fut rude, et l'avoine et la vesce noire pé-

rirent; il ne resta que de la folle avoine,
mais si épaisse, mais en si grande abondance,
que je pris le parti de la récolter comme
fourrage et que je fauchai, dans 1 hectare
20 ares, près de 200 quintaux de fourrage.
Cette même année, je recommençai mes labours ; j'en donnai plusieurs avant l'hiver,
et j'obtins, au printemps suivant, une nouvelle
récolte de folle avoine-fourrage. Mes bœufs
en étaient assez friands. Depuis cette opération, cette terre a été débarrassée complétement de folle avoine. Mais j'achetai ce résultat
au prix de deux années de jachère, sacrifice
trop rude pour être conseillé.

« La moisson commence, chez moi, du 26
au 30 juin, et dure huit ou dix jours; le blé
est coupé à la faucille et dépiqué au rouleau.
Son rendement est, de 17 à 18 hectolitres
par hectare. Ma meilleure récolte m'a donné
21 hectolitres, ma plus mauvaise 15 hectolitres 50 litres par hectare. J'espère pouvoir
bientôt, grâce au nombreux bétail que j'en-

tretiens maintenant, constater des résultats
plus satisfaisants.

« Le poids moyen de l'hectolitre de blé,
chez moi, varie entre 75, 76 et 77 kilogr.

MAÏS.

« Le maïs, qui alternait seul autrefois avec
le blé sur mes meilleures terres, a vu dé-
croître son empire depuis quelques années.
La plaine le redoute comme épuisant les
terres, les préparant fort mal pour le blé et
favorisant à l'extrême le développement du
chiendent. Le coteau lui préfère la récolte de
l'anis. J'avais suivi le torrent, et proscrit,
comme mes voisins, cette culture; mais elle
a des avantages si incontestables que je lui
donne de nouveau une petite place dans mon
assolement. Le maïs se sème en avril ou mai,
en lignes espacées de 1 mètre dans un sens
et 50 centimètres dans l'autre. Après un sarclage donné dès que la plante commence à
se montrer, on le butte à la charrue et à la

houe. Le maïs aime les sols profonds, il réussit merveilleusement sur les défoncements; je suis presque décidé à ne pas le semer dans d'autres conditions : les graves vives lui conviennent aussi beaucoup.

« La récolte du maïs se fait en septembre; elle ne dépasse jamais 20 à 25 hectolitres par hectare.

« Les coques de maïs, dépouillées de leurs feuilles, sont déposées, jusqu'à leur entière dessiccation, dans des greniers aérés; l'égrenage s'en fait, le soir, à la main par mes gens, dans les longues soirées de décembre.

« Ainsi que beaucoup de propriétaires, je donne, chaque année, une certaine quantité de millet, de fèves, vesces et autres menus grains à cultiver à moitié fruit aux conditions suivantes : le journalier travaille la terre en hiver au pelleversoir ou à la bêche bidentée; il est tenu à deux sarclages pour les fèves et les vesces; à deux sarclages, à un buttage et au nivellement de la terre fait à la houe,

28.

après la récolte enlevée, pour le millet; il doit, dans tous les cas, ramasser la récolte et rendre les menus grains en sac, le millet en coque. Les obligations du propriétaire sont : d'avancer la semence, de faire le labour de semaille et de charrier la récolte; il a droit à la paille des menus-grains et aux panicules et feuilles du millet. Ce bail à mi-fruit est très-profitable et fort répandu; il offre au pauvre l'emploi de ses journées d'hiver; pour le propriétaire, il présente le double avantage d'un labour profond donné à sa terre, et d'une récolte sarclée obtenue sans aucun frais. Ce marché, où le pauvre perd souvent son travail quand la récolte des menus grains est mauvaise, où le propriétaire gagne toujours le travail de sa terre, semble, au premier abord, trop favorable à ce dernier et lui faire la part trop belle, mais il est très-recherché par les ouvriers : ceux-ci y trouvent l'emploi, non-seulement de leurs journées perdues, mais ils utilisent encore de cette manière les bras de leurs femmes et de leurs enfants.

FÈVES.

« Je sème les fèves en novembre, immédiatement après le blé, sur un seul labour à la charrue à versoir et par planches de 18 mètres de largeur. Le travail de la charrue est toujours suivi d'un hersage; il est d'usage de semer quelques planches de fèves avant le blé. Cette semaille se prolonge quelquefois jusqu'à la mi-décembre; mais les fèves tardives redoutent les chaleurs du printemps et sont d'une réussite moins sûre. On sème également quelquefois sur labour à la bêche; dans ce cas, le travail est exécuté par des manouvriers qui, tenus à deux sarclages, partagent la récolte après l'avoir *levée*.

« Je sème les fèves en lignes espacées de 45 à 50 centimètres dans un sens, et de 20 à 25 dans l'autre. Elles exigent un premier sarclage fait avec soin en avril ou mai, et un second sarclage quelques temps après pour détruire la folle avoine. Dès que les fèves sont enlevées, je fais passer la charrue dans le champ; un second labour, donné en septembre, sert de préparation à la récolte du blé.

« Le battage des fèves s'opère au rouleau, et leur nettoyage au tarare; il en est de même pour les vesces. La récolte des fèves se fait en juillet, immédiatement après la coupe du blé; un hectare donne quelquefois 20, quelquefois 8 hectolitres de fèves. Ce produit, extrêmement variable, est toujours d'une vente facile. Nous ne connaissons et ne semons que la grosse fève.

VESCES, GESSES, POIS.

« Je sème les vesces qui doivent porter graines à la fin de janvier ou dans le courant de février, sur labour fait à la charrue ou à la bêche et, d'ordinaire, sur fumier. Nos boulbènes fortes conviennent très-bien à cette plante qui, arrachée avant le 15 juillet, per-

met de donner plusieurs labours préparatoires pour le blé. La vesce se sème en lignes
distantes de 5o centimètres, comme les fèves;
on la sarcle avec soin.

« Les pois et les gesses se sèment en même
temps et de la même manière que les vesces. On
les place de préférence dans les terrains calcaires ou graveleux; la gesse est un légume rustique, peu épuisant et d'un produit assez certain.

HARICOTS.

« Nous semons les haricots du 15 avril au
20 mai, en lignes espacées de 5o centimètres
environ, sur labour d'hiver, en terre bien
ameublie. Ils reçoivent 2 sarclages à la main,
le premier quand les plantes ont 4 feuilles,
le second peu de temps après. Ce légume est
difficile à faire naître, et l'on doit le préserver, dans les premiers temps, des ravages
des pigeons. La récolte a lieu vers la fin
d'août, et le battage s'en fait au fléau. Le produit des haricots est extrêmement casuel,

aussi, donnons-nous peu d'extension à cette culture : elle offrirait l'avantage d'occuper le sol moins longtemps que le maïs, de le fatiguer un peu moins et de permettre, pour le blé qui la suit, quelques labours préparatoires en temps convenable.

POIS CHICHES.

« Les pois chiches sont aussi difficiles que les haricots sur la qualité du sol; ils sont, de plus, très-sujets aux brouillards. Nos bonnes terres argilo-calcaires sont les seules qui leur conviennent. On les sème ou seuls ou avec des haricots; ils reçoivent un ou deux binages, et viennent à maturité en août. Notre plaine en fournit beaucoup. Cette culture m'a toujours paru trop casuelle pour mériter un grand développement.

PRAIRIES NATURELLES.

« J'ai dans mon faire-valoir un peu plus de 4 hectares de prairies naturelles. J'en abandonne 6o ares au parcours des troupeaux et des porcs, et j'en fauche 3 hectares 5o ares, qui me donnent environ 14o quintaux de foin par hectare. J'ai aujourd'hui sur mes prairies une opinion bien différente de celle que j'apportais en débutant dans la carrière agricole. C'est une précieuse ressource, la meilleure, la plus sûre; les prés qui s'arrosent, ainsi que les miens, ne manquent jamais que par le fait des gelées tardives.

« Fauchés en juin, mes prés servent à la dépaissance de mes bêtes à corne jusqu'en décembre. Ils sont divisés en trois portions inégales, et reçoivent successivement l'eau et le bétail. Nous avons soin que nos bêtes ne mangent que de l'herbe bien mûre et ne piétinent que des terrains secs. J'aime mieux faire ainsi pâturer mes prés que d'y prendre un regain, qui pourrait être abondant; je crois y trouver plus de profit. Ce pâturage du ma-tin et du soir est infiniment salutaire aux bêtes à corne et surtout aux jeunes bêtes. La production du fumier en souffre un peu à la vérité, mais la prairie gagne ce que perd le tas de fumier. Il est recommandé à mes bergers d'étendre et de diviser les excréments des vaches tombés sur la prairie, afin d'éviter ou de diminuer l'inconvénient de ces touffes herbues auxquelles les animaux ne touchent pas.

« En janvier, je donne à mes prairies, au moins tous les deux ans, une fumure en couverture avec du fumier frais. Les pailles et débris que laisse cette fumure sont enlevés vers le commencement de mars. A la même époque on retaille avec une petite hache et on recreuse avec la houe les fossés d'irrigation ; on fait la guerre aux taupes ; et on a soin ensuite d'arroser à grande eau tous les cinq ou six jours.

« Au lieu de fumier d'étable, j'ai jeté avec profit sur mes prairies des cendres de lessive, qui y ont développé force trèfles de toutes espèces. Les balles de blé sont aussi portées

et répandues sur mes prairies à la fin d'août;
leur décomposition, qui a lieu aux premières
pluies, fait naître une herbe fine fort appréciée du bétail.

LUZERNE.

« La luzerne, qui porte mal à propos dans
le pays le nom de sainfoin, est la plante par
excellence pour faire des prairies artificielles
dans les terrains dont le sous-sol en permet
la culture. C'est elle qui donne les produits
les plus certains, les plus abondants; et, sans
les ressources qu'elle offre, il me paraît difficile d'assurer la nourriture du bétail dans nos
contrées méridionales. Les trèfles souffrent
souvent des froids tardifs, des sécheresses
prolongées, ou des vents chauds du midi.
L'unique coupe du sainfoin fait également
et par les mêmes causes défaut au cultivateur.
La vesce noire, si productive en fourrage,
surtout lorsqu'elle a été semée de bonne
heure, ne réussit pas toujours et résiste diffi-

cilement aux hivers très-pluvieux. La luzerne,
seule, brave l'inégalité des saisons et donne
au moins trois coupes. J'en ai trouvé 3o ares
dans mon faire-valoir; j'en avais, l'an dernier,
3 hectares 5o ares; et je compte arriver à
en avoir 5 hectares. Mes métayers, qui n'en
cultivaient pas du tout, en ont chacun au
moins un hectare. Il a fallu insister beaucoup
pour les décider à diminuer leur sole de blé
de 5o ares chaque année ; mais enfin ils s'y
sont résolus.

« L'expérience m'a conduit à faire, tous les
ans, plus d'avances et de frais pour l'établis-
sement de mes luzernes. J'ai commencé à les
semer sur un simple labour, avec fumure. Plus
tard, j'ai semé sur défoncement à la charrue,
traînée par deux paires de bœufs, et avec une
fumure. Maintenant je fume à double fumure,
c'est-à-dire à 4o charretées de 1,000 kilog.
chacune par hectare, le terrain que je destine
à une luzernière. J'enterre ce fumier par un
trait de charrue de défoncement à deux paires

de bœufs, et le sillon que trace la charrue est encore approfondi par un coup de bêche. J'obtiens par ce moyen un labour de 48 à 5o centimètres.

« Ce labour, qui s'exécute vers la fin de l'hiver, reçoit plusieurs traits de herse ; le terrain est parfaitement royolé et coupé par des raies d'écoulement ; on y répand, en mars ou avril, 20 à 22 kilogrammes de semence que l'on enterre à la herse.

« J'ai essayé de semer simultanément de l'avoine ou des vesces noires pour fourrage ; mais je me suis convaincu qu'il est préférable de semer la luzerne seule ; elle est plus égale, plus vigoureuse et présente plus de facilités pour la débarrasser des mauvaises herbes et pour la resemer dans les endroits où la semence n'a pas levé.

« On m'assure que la luzerne se trouve bien d'être semée avec le millet fourrage, disposé en lignes espacées de 75 centimètres, et que cette plante, qui la protége contre la sécheresse, ne nuit aucunement à son développement ultérieur. Cette méthode m'est recommandée par des hommes qui méritent toute créance et qui n'en sont pas à leur premier essai.

« Une luzerne établie n'appelle d'autres soins qu'un hersage énergique au commencement de l'hiver et un plâtrage au mois de février. J'ai essayé, une année, de fumer avec du fumier d'étable une luzerne qui commençait à diminuer de produit; mais il ne m'a pas paru que le fumier fût bien payé dans cette circonstance.

« La luzerne n'a longtemps été, pour moi, qu'une plante à fourrage inappréciable et sans pareille, mais, depuis trois ou quatre ans, elle a acquis à mes yeux un mérite de plus, celui de donner, après la cinquième ou la sixième année de sa durée, des récoltes de graine, qui, bien que casuelles, offrent un revenu beaucoup trop considérable pour être négligé. On réserve pour la graine la seconde coupe; le produit se recueille vers le milieu d'août ou même quelquefois beaucoup plus tard. Un premier battage au rouleau, exécuté par un soleil ardent, sépare les capsules et les feuilles de la partie ligneuse du fourrage; un second battage, plus long et plus pénible, achève de faire sortir la graine de sa capsule, et, réduisant en poussière tout ce qui l'enveloppe, permet d'en opérer le nettoyage au tarare. Ce second battage est remplacé, avec beaucoup d'avantage, par l'action de la roue d'un moulin à huile.

« Un hectare de luzerne peut fournir 3 ou 400 kilogrammes de graine; mes luzernes n'ont duré que huit ans.

« Le défrichement de la luzerne se fait ou à la charrue à versoir ou à la bêche. Sur ce défrichement, je prends trois récoltes successives d'avoine; puis je fais un maïs; et, après cette récolte, le terrain est rendu à mon assolement de six ans. En place d'avoine, on peut aussi semer de l'orge; quant au blé, il ne m'a pas réussi dans les premières années d'un dé-

frichement de luzerne. Du reste, il n'y a pas
assez longtemps que je défriche des luzernes
pour avoir des opinions très-arrêtées à cet
égard.

TRÈFLE.

« Je défriche mes trèfles en août ou septembre, par un seul labour, fait à la charrue
à versoir, après la première pluie qui suit la
coupe du fourrage ou la récolte de la graine.
Sur ce labour se donnent plusieurs traits de
herse. Ce défrichement par un seul labour,
tenté d'abord avec quelque répugnance par mes
gens, a des avantages si incontestables et présente tant d'économie, qu'il se répand rapidement dans le pays ; on le donne peu profond.
Sur les champs ainsi préparés, le blé se comporte très-bien ; peu remarquable jusqu'au
printemps, il prend, vers le mois d'avril ou
de mai, une vigueur extraordinaire, que j'attribue à l'influence de la décomposition des
détritus du trèfle.

« Comme le trèfle est l'élément civilisateur en agriculture, il ne sera peut-être pas sans intérêt de rappeler ici le moyen que j'ai pris pour le faire adopter par mes métayers. Je me suis fait indiquer par eux leurs champs les plus mauvais et sur lesquels aucune récolte de ce genre ne devait être prise ; jai semé sur ces terres, *à mes frais*, de la graine de trèfle, m'engageant à supporter avec eux le travail du défrichement, après avoir pris ma part du produit de la prairie artificielle. Ces semences ont bien réussi, et nous avons vu verdoyer une belle prairie, où régnait de temps immémorial la jachère. Les travaux de fauchaison et de fenaison se sont faits à frais communs et sans observations ; mais, lorsque mes gens m'ont vu emporter dans mes granges la moitié du fourrage, qui s'est trouvé cette année-là fort abondant, ils n'ont plus voulu de mon marché pour l'avenir. Et néanmoins, bien qu'ils aient éprouvé de cette culture les meilleurs effets ; bien que deux de mes métayers aient eu, l'an passé pour leur part, dans le prix de la graine de trèfle, 400 francs chacun, ils ne peuvent encore se résoudre à semer du trèfle dans leurs meilleures terres, et continuent de les affecter exclusivement à la culture du blé, du maïs et des menus grains, tant la routine a d'empire, tant elle cède difficilement à l'évidence des faits !

« Je ne laisse durer mes trèfles qu'un an. J'ai fait cependant depuis 1842 une légère exception à cette règle, en n'en rompant une petite quantité qu'au bout de deux ans. Je retourne le trèfle de cette portion à la fin de l'hiver; et, sur ce défriché, je prends une récolte de maïs, qui réussit merveilleusement à cette place. J'espère, en éloignant le retour du blé, purger un peu mieux mes champs et me débarrasser de la folle avoine, ce fléau maudit de nos cultures.

TRÈFLE INCARNAT OU FARROUCH.

« Ce fourrage a de grands avantages et beaucoup d'inconvénients : il vient sur les terres les plus légères, avec ou sans travail, avec ou sans fumier ; il n'occupe la terre que huit mois ; il est très-précoce et peut être donné en vert à tous les bestiaux sans précautions et presque sans mesure ; il est très-rustique ; il demande seulement à être semé dans une terre bien égouttée ; il ne craint que notre vent d'autan, qui, en le poussant à la fleur, en arrête le développement. Il est très-abondant dans les années ordinaires. Nous le semons de préférence dans les boulbènes les plus douces, ou dans les sols graveleux, sur un seul labour disposé en grandes planches, à la fin d'août ou dans les premiers jours de septembre, à raison de 25 kilogrammes de graine nettoyée, ou de 18 hectolitres de graine en bourre par hectare. Cette dernière méthode est évidemment la meilleure ; je n'en emploie pas d'autre.

« Nous semons, depuis cinq à six ans, deux variétés de trèfle incarnat, le hâtif et le tardif.

Ce dernier se développe et fleurit quinze jours après l'autre, et son fourrage est meilleur. Grâce à ces deux variétés, je nourris mon bétail avec du farrouch vert pendant plus d'un mois : c'est, sans contredit, le meilleur emploi de cette plante fourragère. Le farrouch sec est peu nourrissant, peu goûté des bêtes, qui lui préfèrent souvent la paille, surtout si le trèfle a été mouillé pendant la fenaison.

« Je trouve que le trèfle incarnat fatigue, effrite et soulève beaucoup trop la terre. Il est rare que les blés semés sur un défriché de farrouch soient satisfaisants; d'ordinaire, ils se couchent, sont infestés de folle avoine, et très-sujets aux brouillards.

VESCE NOIRE.

« La vesce noire n'est pas, dans le Midi, cette plante merveilleuse préconisée par M. de Dombasle, qui conseille de la semer de quinzaine en quinzaine depuis le mois de mars jusqu'au mois de juillet. Pour obtenir de la vesce un fourrage abondant et sûr, nous devons la semer à la fin d'août, en septembre ou en octobre. On hasarde bien quelques semences en décembre et janvier; mais c'est déjà trop tard, et les vesces semées à cette dernière époque prennent rarement une grande croissance.

« Sur un seul labour fait à la charrue à versoir, disposé en planches et bien fumé, je sème la vesce noire, ou seule ou avec un mélange d'un tiers d'avoine, dans la proportion de deux hectolitres de semence par hectare. Plus que toute autre plante, la vesce demande un sol bien égoutté; elle vient, du reste, dans les terrains argileux, dans les boulbènes et dans les terres argilo-calcaires.

« Je fauche la vesce quand les premières gousses commencent à se remplir de graines. Ce fourrage est très-abondant lorsqu'il réussit; il est assez casuel et très-difficile à sécher. Mes bêtes à cornes en sont très-friandes.

Nous reprochons aux vesces noires de laisser verser les blés qui leur succèdent. Malgré cet inconvénient, ce fourrage prend chaque jour dans ma culture une place plus grande. Je ne vois que lui qui puisse remplacer avec avantage les trèfles dont la semence a manqué.

ESPARCET OU SAINFOIN.

« Je ne connais pas de fourrage dont la coupe soit, parfois, plus abondante ; elle vaut, dans certaines années, les deux coupes du trèfle. Il est bien rare que je laisse, chez moi, l'esparcet occuper la terre plus d'un an. Le défrichement s'en fait à la charrue, et l'on donne ordinairement trois labours avant de semer le blé. Je crois inutile d'ajouter que les blés semés sur esparcet se font remarquer par leur vigueur et leur netteté. Ils ne sont pas toujours cependant à l'abri de la folle avoine.

MILLET FOURRAGE.

« Aucune plante ne fournit, dans un espace de terrain donné, une plus grande masse de nourriture pour les bêtes à cornes que le millet fourrage, aucune n'est plus favorable à leur bonne tenue. Dans les fonds riches, sa réussite est presque assurée. Elle n'occupe la terre que trois mois ; semée de quinzaine en quinzaine, d'avril en juillet, elle pourrait procurer au bétail une nourriture fraîche pendant toute la saison chaude. Mais c'est une plante extrêmement épuisante que nous ne semons que dans de petits coins de terre, et dont nous réservons l'usage plus étendu pour les années désastreuses. Je le sème en lignes vers le 15 ou le 20 avril. Ces lignes sont espacées de 30 à 40 centimètres, et il se trouve 14 à 15 plantes par mètre carré. On donne deux sarclages : le premier, dès que la plante a 10 ou 12 centimètres ; le second, un mois après. On coupe le millet fourrage dès qu'il commence à fleurir.

« Après le sciage des céréales, je prends quelquefois sur chaume et sur un seul labour une récolte dérobée de millet fourrage. Cette récolte, moins abondante que celle qui est semée au printemps, donne ses produits en septembre ou octobre quand elle n'est pas trop contrariée par la chaleur; elle vient en aide aux attelages dans le moment où l'on exige d'eux, pour la préparation de la semaille du blé, un travail assidu et opiniâtre.

RÉCOLTES RACINES.

BETTERAVES. — CAROTTES. — RAVES.

« J'ai essayé la culture de la betterave sur tous mes terrains, sur les boulbènes douces, sur les boulbènes fortes, sur les terres argilo-calcaires, et je n'ai obtenu de produits satisfaisants que sur ces derniers sols. Le plus difficile, dans la culture de la betterave, est de la faire naître; le plus important est de lui donner au moins deux sarclages : le premier, dès qu'elle peut le supporter sans danger; le second a lieu en juillet. Cette plante, empruntant beaucoup à l'atmosphère, craint le voisinage des mauvaises herbes; elle demande, en outre, un sol meuble. Un labour profond, une fumure abondante sont exigés pour la réussite de la betterave, qui paye du reste, avec usure, les soins qu'elle reçoit. Nous semons à la petite charrue en lignes espacées de 5o centimètres. La graine n'est recouverte que par un léger émottage fait par des femmes. Je sème ordinairement 5o ares de betteraves, la moitié en betteraves champêtres, la moitié en betteraves de Silésie. Ce demi-hectare me donne 3oo quintaux de racines. Elles sont entassées avec soin dans un grenier d'où on en tire chaque jour quelques corbeilles pour les laver et les distribuer au bétail coupées en tranches. Aucune nourriture n'affriande plus les vaches; aucune ne rend plus de services pour le jeune bétail à cornes. Les porcs, aussi bien que les bêtes à laine, les mangent avec avidité. On distribue les betteraves à mes vaches pendant qu'elles sont à l'abreuvoir; elles ont une telle hâte de manger leur pitance, qu'elles se donnent à peine le temps de boire.

« La carotte ne m'a nullement réussi ; mais j'ai pris quelquefois sur le blé de fort bonnes récoltes dérobées de raves. Semées en juillet, si le temps est favorable, elles donnent en novembre ou décembre une abondante provision de nourriture fraîche. Comme c'est une culture qui effrite, je ne l'ai tentée que sur de fort bonnes terres, et j'ai réparé par une fumure le tort que je leur avais fait. Au demeurant, j'ai pour principe de n'être point avare de fumiers ni d'engrais pour les cultures fourragères ; selon moi, ce n'est qu'une avance qui est richement payée.

POMMES DE TERRE. — TOPINAMBOUR.

« La pomme de terre ne convenant nullement à nos terres fortes, et venant également mal dans nos boulbènes, sa culture est chez moi à l'état de culture jardinière, et je n'ai aucunement le droit de la décrire. Les pommes de terre ne servent qu'à la nourriture de nos gens, et nullement à celle des animaux. J'augure mieux de la culture du topinambour, à laquelle je compte consacrer désormais 40 à 50 ares. Cette racine, qui brave la sécheresse de nos étés et qui s'accommode à peu près de toutes les terres, a amélioré la condition des petites métairies des environs de Moissac, et assure au bétail de cette contrée une nourriture fraîche pour l'hiver : elle me semble appelée à rendre de grands services dans notre pays.

« Tout pour la culture du blé, disait l'agriculture ancienne, et tous les efforts tendaient à remplir le grenier de céréales. Aujourd'hui nous disons : tout pour la culture des plantes fourragères, assurés que nous sommes de remplir nos greniers à blé si nos granges s'emplissent de fourrages et nos étables de bestiaux. Mais cette confiance dans la science moderne est lente à s'établir, plus lente à se traduire en faits. Diverses causes concourent

à ce résultat dans notre plaine. Au nombre
de ces causes, il suffit de signaler l'ignorance
des cultivateurs, l'incurie des propriétaires,
le morcellement de la propriété, le peu d'é-
tendue des fermes, l'insuffisance des bâtiments destinés au logement des fourrages et
des bestiaux, le défaut d'avances et d'un capital de roulement. Mais l'obstacle le plus
grand que rencontre l'agriculture perfectionnée dans notre département, provient, sans
nul doute, de la nécessité qu'elle impose
de diminuer la sole des céréales. Cette sole,
sur laquelle reposent tout à la fois les revenus
du propriétaire et la nourriture du métayer,
est regardée comme inattaquable; et cependant il est bien difficile d'augmenter son bétail et d'assurer sa subsistance d'une manière
permanente, si on ne réduit un peu la sole
des céréales, et si on n'établit à ses dépens
quelques hectares de grande luzerne ou d'esparcet. Moi-même, je l'avoue, j'ai été longtemps à m'y déterminer, plus longtemps

encore à y amener mes métayers par la per-
suasion, l'exemple, les encouragements et
les prédications de tout genre. Il m'a fallu
voir de mes yeux la culture flamande et ses
merveilles; il m'a fallu étudier ses petites
fermes de 20 hectares qui nourrissent et engraissent 20 grosses têtes de bétail, pour entrer avec une conviction entière dans la voie
qui doit nous conduire à l'amélioration de
notre capital foncier et de nos revenus, et
pour répéter avec les maîtres de la science :
tout pour la culture des plantes fourragères.

FUMIERS ET AMENDEMENTS.

« Retiré des étables à bœufs une fois par
semaine au moins, le fumier, dans lequel
entre une forte proportion de litière, est
porté, sur des brouettes, au trou à fumier,
et y est disposé couche par couche. Le trou
à fumier a 8 mètres de longueur sur 6 de
largeur; il est adossé à un mur dans un de
ses côtés longs, et abrité, par un hangar, du

soleil et des vents. Je n'ai qu'à me louer de cette méthode de tenir le fumier à couvert, sous le rapport de sa qualité et de sa conservation.

« Les fumiers de cheval ou de porc sont mêlés à ceux des bêtes à cornes.

« Je me trouve bien d'arroser mes fumiers alternativement avec de l'eau de chaux obtenue par une pelletée de chaux jetée dans une comporte d'eau, et avec une dissolution d'ammoniac gris du commerce (une once environ) dans une demi-comporte d'eau. Ces arrosements successifs sont répétés de manière à humecter légèrement la masse du fumier. La chaux décompose le sel ammoniac, et il se produit, après une légère fermentation, une masse énorme de gaz ammoniacal. Je ne connais pas de moyen plus simple d'animaliser les fumiers; pour ma part, j'en ai éprouvé les meilleurs effets.

« Dans mes métairies, le fumier des bêtes à cornes est transporté chaque semaine, et répandu en manière de litière dans la bergerie. Le séjour des bêtes à laine sur le fumier en améliore sensiblement la qualité. La bergerie en renferme quelquefois une couche de 75 à 80 centimètres.

« Je fume mes terres à raison de 20 charretées de 1000 kilogrammes chacune par hectare. Je porte mes fumiers, autant que possible, en hiver et au printemps, sur les terres destinées à recevoir des récoltes sarclées ; en juin, sur les champs de vesces et de fèves qui n'ont pas été fumés ; en automne, sur les champs qui doivent, avec des semences de blé, recevoir des graines de fourrages artificiels.

« En novembre et décembre, je fais ramasser les feuilles tombées de mes bois, et, après les avoir arrosées avec de l'eau de chaux, on les mêle avec du fumier d'étable.

« Je ne sépare point les urines des fumiers. La matière fécale ne vient pas se mêler à mes fumiers pour en augmenter et en améliorer la masse. La répugnance de nos gens à ma-

nipuler cet engrais est cause que les produits
des fosses d'aisance, recueillis rarement et à
grands frais, ne reçoivent d'emploi que lorsqu'ils sont réduits en poudrette.

« La colombine est recueillie avec soin et
utilisée pour les jardins et les chènevières. Je
m'en sers quelquefois pour les blés qui s'an-
noncent mal au printemps. Cet engrais, enterré au pied des souches de vigne, s'y fait
sentir pendant cinq ans, et ne communique
au vin aucun mauvais goût.

« Je n'ai jamais fait usage des fumures végé-
tales. On ne s'en sert dans le pays que pour
les vignes. Le trèfle incarnat, semé dans les
vignes, plâtré, puis enterré par la charrue
quand il a pris tout son développement, passe,
à bon droit, pour la fumure végétale la plus
économique et la meilleure. Sur des terres
froides, les cendres lessivées, répandues à
raison de 40 hectolitres par hectare, ont
amené une amélioration sensible et très-
durable.

« J'emploie le plâtre avec le plus grand succès sur toutes mes prairies artificielles, sur les luzernes, les trèfles, le farrouch, l'esparcet et les vesces. On le répand, dans la première quinzaine de février, par un temps calme, à raison de 250 kilogrammes par hectare. J'emploie du plâtre de l'Ariége cuit et très-fin : c'est une dépense de 8 fr. 50 cent. par hectare.

«.Le plâtre n'a, chez moi, presque aucune action sur les terres froides. Je n'ai pas été à même d'essayer sur mes terres l'effet du marnage, quoique cet amendement, merveilleux pour les sols médiocres, soit à ma portée; j'ai craint que sur mes terres, très-supérieures, la dépense du marnage ne fût pas payée.

BÉTAIL.

« En 1834, je n'ai trouvé, pour tout bétail sur les terres qui composent aujourd'hui mon faire-valoir, que 3 chevaux, 6 vaches, dont

2 à lait, et 3 porcs : en tout, 9 têtes 1/4.

« D'année en année, mon bétail a grandi en nombre, en qualité, en importance. Il est maintenant l'objet de tous mes soins, et sur lui se fonde l'espoir de mon progrès agricole. Je tiens aujourd'hui, *en bétail de travail,* 2 juments et 4 bœufs ; *en bétail de rente,* 9 vaches, 4 jeunes bœufs (dont 2 de quatre ans), 1 petite génisse d'un an, 2 veaux de six mois, 8 porcs et un troupeau de 40 moutons, que je ne compte garder que six mois. En dehors de la ferme, mais avec le fourrage qu'elle produit, je nourris 2 chevaux de voiture, 1 cheval de selle, et 2 mulets, employés au service d'un moulin, ce qui porte à 28 têtes les animaux que je tiens sur un domaine de 30 hectares 25 ares de terres labourables, et 4 hectares de prairies naturelles.

« Pour nourrir ce bétail, j'ai fauché 3 hectares 50 ares de prairies naturelles, 2 hectares environ de grande luzerne, 1 hectare de farrouch, 1 hectare 60 ares de vesces noires, 5 hectares 60 ares de trèfle (une seule coupe seulement, la seconde ayant été destinée à porter graine), 60 ares de maïs fourrage : en tout, 14 hectares 70 ares de plantes fourragères, auxquels il faut ajouter la dépaissance du regain de 3 hectares de prairies, et les têtes et panicules de 3 hectares de maïs.

« J'élève de belles vaches de la race gasconne qui ont été achetées à l'Isle-en-Jourdain, dans le département du Gers.

« L'élevage des vaches a cet avantage immense qu'on peut, sans bourse délier, sans se déplacer, agrandir ou restreindre le champ de la spéculation. Si l'année est abondante en fourrages, il suffit, pour garnir ses étables, de garder quelques génisses ou quelques veaux de plus. Si l'année se présente mal, et que les fourrages n'aient donné, comme en 1844, qu'une demi-récolte, on envoie tous ses jeunes produits à la boucherie, et on remplace les vieilles vaches, toujours affamées, par de jeunes génisses que quelques kilogrammes de fourrage rassasient.

« Mes vaches, attelées par couples, rendent quelques services; elles font des charrois, des labours légers, et prennent leur part des travaux de l'aire à battre. Ces travaux modérés sont loin de leur être nuisibles, excepté dans les premiers mois de leur vélage, où le moindre effort trouble et tarit la production du lait. Si mes terres étaient moins fortes, et qu'elles pussent être soulevées convenablement par des vaches, je n'hésiterais pas à supprimer entièrement les bœufs, dont le travail est bien plus cher. Je veille à ce que les deux vaches qui s'attellent au même joug soient envoyées au taureau a peu près vers la même époque, afin qu'elles soient ensemble propres ou non au travail. L'accouplement des génisses a lieu lorsqu'elles ont 18 mois à 2 ans.

« Les veaux tètent leur mère trois fois par jour dans la première quinzaine de leur existence, et, plus tard, deux fois par 24 heures seulement. Je n'ai pu, jusqu'à présent, introduire la nourriture au sceau; toujours quelque indigestion du petit animal est venue arrêter et interrompre mes expériences à cet égard. Les veaux destinés à la vente sont envoyés à la boucherie à deux mois, deux mois et demi : ils valent alors de 50 à 70 francs. Il y aurait certainement de l'avantage à les garder un ou deux mois de plus, et à les pousser, avec de la farine, à une valeur de 100 francs; mais je tiens à avoir du lait pour la maison et à faire quelques kilogrammes de beurre.

« Les veaux ou génisses que je réserve pour élèves ne sont sevrés qu'à 4 ou 5 mois, et lorsqu'ils peuvent sortir et manger de l'herbe. A cet âge même, leur sevrage n'a jamais lieu entièrement, et nous avons soin de ne les priver que peu à peu de leur mère. Dès qu'ils ont 6 semaines, on place devant eux, dans leur petite crèche, de l'herbe, du menu fourrage, des betteraves hachées, et on leur fait avaler quelques boulettes de farine. Il importe de les bien nourrir la première année, car l'influence d'une bonne nourriture sur les jeunes bêtes à cornes est immense.

« Les vaches, bouvillons et génisses, sont nourris, depuis le mois de juin jusqu'au mois de décembre, en partie à l'étable, en partie au pâturage. Ils ne font que deux repas. On les envoie passer deux heures dans la prairie le matin et le soir. En revenant du pâturage, ils trouvent leurs rateliers garnis plus ou moins, et toujours en raison inverse de l'abondance de l'herbe dans la prairie. En hiver, leur nourriture se compose de foin, de fourrages artificiels et de paille; on y joint, soir et matin, une ration de betteraves. Si une vache est fatiguée par son veau, on lui donne deux fois par jour une petite buvée composée de farine ou de tourteaux de lin.

« Les taureaux et les génisses attelés au joug à 3 ans, comme exercice, ne commencent à travailler qu'à quatre ans, et ne rendent un véritable service qu'à 5 ans. Je suis à peu près décidé à supprimer la tenue et l'élevage des jeunes bœufs; les jeunes vaches qui donnent un veau à 3 ans me paraissent beaucoup mieux payer leur nourriture.

« Les bœufs de travail font, du 1ᵉʳ mars au 20 novembre, deux attelées ou *jointes* par jour : l'une, le matin, depuis l'aube jusqu'à 11 heures; l'autre, le soir, depuis 2 ou 3 heures jusqu'à 6 ou 7, suivant la saison. Dans l'attelée du matin, un repos de 20 à 30 minutes est accordé aux bêtes pendant le déjeuner du bouvier, qui se prend aux champs. Je me trouve bien de leur faire faire trois repas, un repas avant chaque attelée et un léger repas le soir pour les faire boire. En temps de fatigue, il est bon de varier la composition de ces repas, et de les leur servir dans la crèche par petites portions.

« Dans mes métairies, la tenue du bétail est toute autre que dans mon faire-valoir, et nous avons de très-grands progrès à réaliser. Pour

20 à 22 hectares de terres labourables, cha
cune de mes métairies compte environ 5 bœufs,
35 à 40 brebis et 3 cochons. On y fauche
1 hectare de prairie, 1 hectare de grande
luzerne, 1 hectare 1/2 à 2 hectares de trèfle,
et enfin 1 hectare de seigle, farrouch ou maïs
fourrage. Cette proportion de fourrages est
trois fois plus forte que celle qui dominait il
y a dix ans; elle tend à s'accroître encore.

« Mes métayers se livrent à l'engraissement
des bœufs, de préférence à toute autre spéculation. Achetés à l'âge de 6 à 7 ans, il est rare
que ces animaux passent plus de 6 mois dans
mes étables; ils n'en sortent que pour aller
à la boucherie. Mes métayers sont soigneux;
aussi, dès que leurs bœufs se reposent, ils
gagnent rapidement en chair et au coup d'œil.
Chaque métairie, composée de 2 paires de labourage, en renferme le plus souvent une troisième, destinée à l'engraissement. La dernière
venue de ces trois paires est réservée pour
les travaux les plus pénibles; la seconde com-

mence à être ménagée; la troisième se repose, s'engraisse à demi, et est vendue après six semaines ou deux mois de repos. L'engraissement se fait à l'étable avec des fourrages variés, auxquels on joint quelquefois des tourteaux de lin, plus rarement deux ou trois mesures de farine de fèves ou de lin distribuées sous forme de breuvage. Nous vendons ordinairement avec 80 et 100 francs de bénéfice chaque tête d'animal. J'ai partagé ainsi avec un des mes métayers, en une seule année, 450 francs de bénéfices réalisés sur des ventes successives de bœufs. Ces bœufs sont achetés par les bouchers des environs ou par les marchands de bestiaux qui alimentent le marché de Béziers. Le prix d'un bœuf employé dans notre plaine, et qui pèse environ 400 à 425 kilogrammes est aujourd'hui, en moyenne, de 270 francs; d'après mes registres, il n'était que de 135 fr. en 1826. Nos gens préfèrent, en général, la race rouge d'Auvergne à la race grise, dite d'Anglès.

« Les époques les moins favorables pour la vente des bœufs gras sont les mois de novembre, décembre et janvier. En février, le cours se relève, parce que le marché est moins encombré. En mars, avril et mai, il est d'ordinaire très-avantageux. Je laisse à mes métayers liberté entière pour leur commerce de bœufs. Je voudrais leur voir joindre à cette spéculation celle de l'élevage des vaches; mais elle les séduit peu, et ils paraissent lui préférer le commerce des jeunes mules, qui, avec des chances de perte plus grandes et une mise de fonds beaucoup plus considérable, présente certainement des chances très-belles de gain. Un de mes métayers a vendu dernièrement, le 22 juillet 1844, au prix de 1,164 francs, une paire de jeunes mules achetées 680 francs le 3 février 1843. Il a réalisé en 18 mois un bénéfice de 484 francs. C'est un résultat fort satisfaisant; mais, je le répète, le peu de chances mauvaises qui entourent l'élevage des vaches, la mise de fonds moins

forte que comporte cette spéculation, me la
font préférer.

« J'ai, dans chacune de mes métairies, un
troupeau de 30 à 35 brebis portières, de
taille et de laine moyennes. Chacun de ces
troupeaux procure, bon an mal an, un produit
brut de 250 fr. qui s'établit ainsi qu'il suit :

Prix des brebis de réforme ou des agneaux. 180[fr.]
50 kilogram. de laine, à 1 franc 40 cent.
le kilogramme. 70
____
Total. 250

« C'est 125 francs de produit pour moi, et
autant pour le métayer, obligé de prélever
sur cette somme modique les gages et l'entretien d'un berger.

« Dans mon faire-valoir, j'ai tenu pendant
quelques années des moutons à l'engrais. Ces
moutons, achetés 18 à 22 francs dans le département du Gers, aux marchés de l'Isle-en-
Jourdain, procuraient d'ordinaire un bénéfice

brut de 5 francs par tête, et donnaient un produit de 400 fr. si j'engraissais 80 bêtes, et de 6 à 700 fr. si j'en engraissais 120 à 130.

« Voici quels étaient les frais de cette spéculation :

1° Gages et entretien d'un berger......	250$^{fr.}$
2ᵉ Intérêt d'un capital de 800 francs, employé à l'achat de 40 moutons.......	40
3° Loyer ou revenu de deux petites prairies abandonnées au parcours des moutons.	100
4° Grains, son et fourrages pour les mauvais jours......................	100
Total..................	490

« Si l'on tient compte des dommages inévitables causés par le parcours, des chances si nombreuses de maladies et de perte, on trouvera que les 30 charretées de fumier produit par ces moutons reviennent le plus souvent bien cher, et l'on ne s'étonnera pas que j'aie renoncé à l'engrais des bêtes à laine. Depuis que j'ai pris des maîtres-valets, la nécessité d'occuper une grande fille, qui ne ferait pas autre chose, m'a fait acheter de nouveaux moutons, sans détruire ma répugnance pour ce genre de spéculation.

« L'engraissement qui se fait le plus vite est celui qui s'opère, aux mois de novembre, et de décembre, avec du marc raisin. Cette nourriture alcoolique et huileuse pousse les animaux à la graisse; ils s'y habituent sans peine et en sont très-friands. Le marc de raisin coûte 75 centimes l'hectolitre; on le conserve bien tassé dans des barriques défoncées ou dans une cuve. Les bœufs et les vaches mangent très-bien le marc de raisin; mais il leur convient moins qu'aux moutons.

PORCS.

« Voici en quoi consiste notre spéculation sur les porcs : nous achetons, au commencement de septembre, au prix de 20 à 25 fr. de jeunes porcs de 3 mois, qui sont revendus un an après, maigres, au prix de 60 à 80 fr. Ces animaux vont, soir et matin, dans les pâtis, et trouvent en rentrant à leur loge une

soupe faite avec du son, des débris de jardinage et de cuisine; on leur donne aussi des
fourrages artificiels verts; mais j'empêche qu'on
ne les laisse vaguer dans les champs de trèfle.

« En somme, l'engraissement des porcs offre
rarement d'autre avantage que celui de faire
consommer sur place des grains ou des denrées dont le transport et la vente sont difficiles. On le commence chez moi avec des
fèves, en septembre, et on le termine en décembre ou janvier, avec de la farine de maïs.
Mais nous avons de la peine à lutter, dans ce
genre de spéculation, avec les propriétaires
de la montagne, qui engraissent leurs porcs
avec des châtaignes ou des pommes de terre.

« Le système de culture introduit sur le
domaine de Rivières vient d'être exposé; j'ai
raconté, dans tous leurs détails, les procédés
qu'on y suit. Ma tâche resterait inachevée,
si je ne terminais ces notes par un examen
comparatif du revenu brut et du revenu net
des 34 hectares composant mon faire-valoir,

alors qu'il était soumis au métayage, et depuis qu'il a passé sous ma direction personnelle. Le tableau suivant reproduit les résultats obtenus sous l'une et l'autre gestion :

PRODUCTIONS.	RÉGIME DU MÉTAYAGE. Moyenne du revenu brut de 1824 à 1833.		RÉGIME DU FAIRE-VALOIR. Moyenne du revenu brut de 1835 à 1844.	
Blé, à 18 fr. l'hectol....	190 hect.	3,420ᶠ 00ᶜ	248ʰ 66	4,476ᶠ 00ᶜ
Fèves................	14	140 00	27 00	270 00
Vesces...............	3,50	50 00	11 00	154 00
Pois et haricots........	4	80 00	4 00	80 00
Maïs et avoine.........	30	270 00	33 00	300 00
Chanvre..............	200 kil.	100 00	300 kil.	300 00
Graine de trèfle et de luzerne................	....	....	....	650 00
Bestiaux (bénéfice sur les).	....	200 00	....	900 00
Croît des cochons	....	180 00	....	240 00
Moutons.	....	....	....	300 00
Foin fourni pour la nourriture de trois chevaux et deux mulets étrangers à l'exploitation...	1,000 kil.	300 00	....	300 00
TOTAL du revenu brut de 34 hectares...	....	4,740 00	....	7,970 00
REVENU BRUT d'un hectare.............	....	139 40	....	234 40

« Sous le régime du métayage, le revenu

brut des 34 hectares n'a été, en moyenne, que de 4,740 francs, et le revenu brut d'un hectare ne s'élève qu'à 139 fr. 20 cent.

« Sous le régime du faire-valoir, et grâces à une meilleure direction, le revenu brut des 34 hectares s'est élevé à la somme de 7,970 francs, et celui d'un hectare à la somme de 234 fr. 40 cent.

« Il est à remarquer que l'augmentation du revenu brut porte principalement sur les bestiaux, sur les graines de trèfle et de luzerne, et enfin sur le rendement des céréales. Ces diverses branches de revenu doivent, je ne crains pas de le dire, recevoir un nouvel accroissement. Les blés n'ont donné jusqu'à présent, en moyenne, que 18 hectolitres par hectare. L'importance de mes étables ne peut manquer d'élever ce rendement à 21 ou 22 hectolitres.

« Passons maintenant au révenu net.

« Sous le régime du métayage, le revenu net se compose de la moitié du revenu brut, sauf une légère diminution pour le payement de l'impôt. Dans la période ci-dessus mentionnée, il a été de 2,166 francs pour les 34 hectares ; en d'autres termes, de 63 fr. 70 cent. pour chaque hectare.

« Pour obtenir le revenu net du faire-valoir, il convient de retrancher du revenu brut les diverses allocations qui suivent :

1° L'intérêt du fonds d'instruments, qui s'élève, dans mon exploitation à 2,124 francs........................	106ᶠ 00ᶜ
2° L'intérêt du fonds de cheptel, qui est de 5,580 francs..................	279 00
3° La valeur des semences annuelles...	512 00
4° Les gages des maîtres-valets.......	850 00
5° La valeur des journées d'hommes et de femmes appliquées à l'exploitation.	1,200 00
6° L'entretien des instruments et machines de transport...............	200 00
7° Le prix du plâtrage de 10 hectares 5o centiares de prairies artificielles...	89 50
8° Enfin l'impôt calculé à raison de 12 fr. par hectare.....................	408 00
Total.................	3,644 50

« En défalquant cette somme des 7,970 fr. qui représentent le revenu brut du faire-valoir, le revenu net des 34 hectares ressort à 4,925 francs 50 centimes, soit par chaque hectare 127 francs.

« Tel est le résumé fidèle de ma situation agricole. Aux yeux des économistes, le dernier mot de l'art est d'obtenir le plus fort rendement aux moindres frais possibles. Accroître la production fut ma préoccupation première, c'est celle de tous les débutants. Aujourd'hui que je crois avoir fait un pas en avant, le produit brut a moins d'importance pour moi que le produit net. Tous mes efforts tendent à circonscrire mes frais d'exploitation dans le cercle le plus étroit : j'espère arriver bientôt à ce but, au moyen des cultures fourragères et du bétail, ce pivot obligé de toute agriculture profitable. »

FIN.

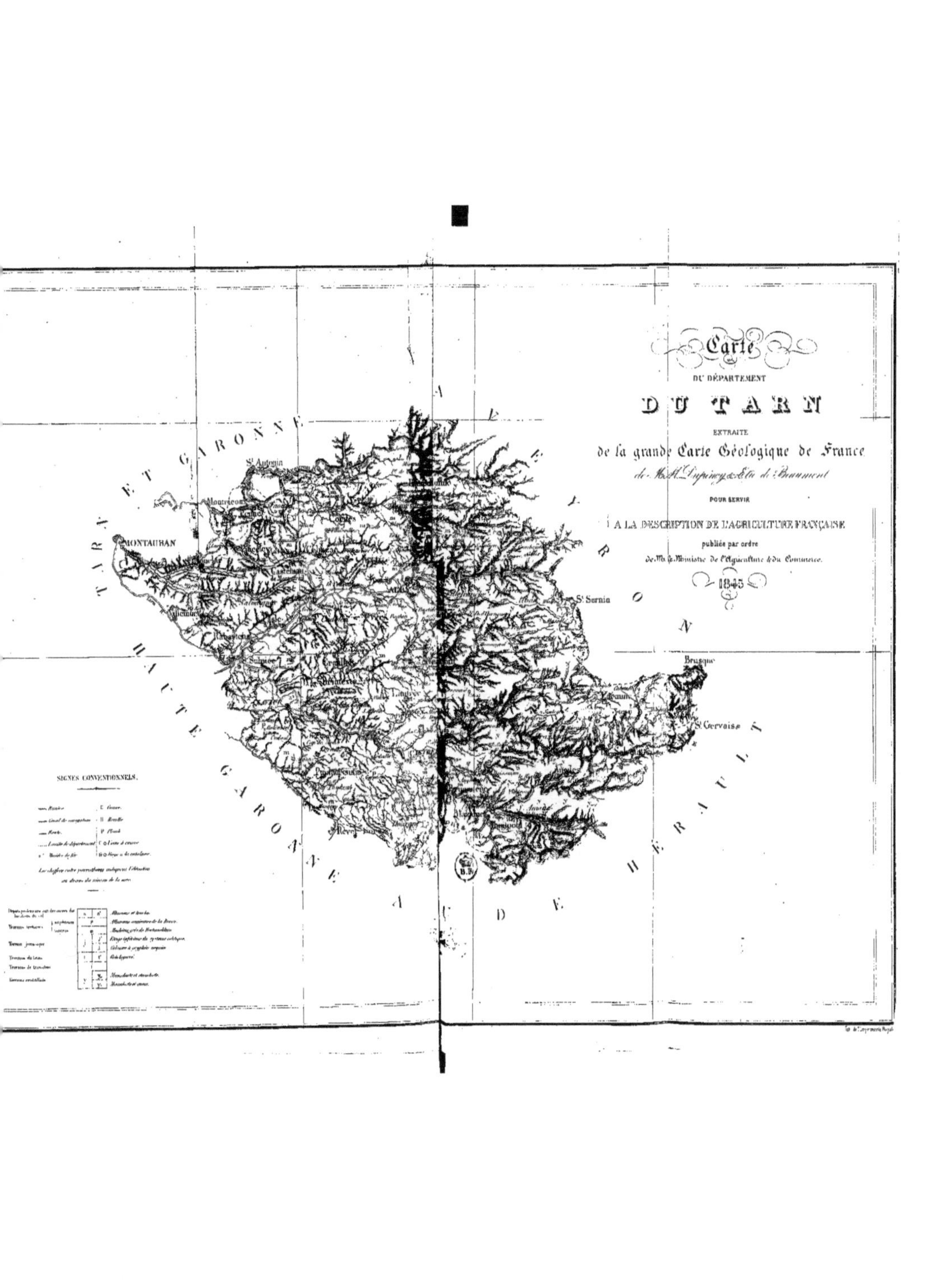

Carte
DU DÉPARTEMENT
DU TARN
EXTRAITE
de la grande Carte Géologique de France
de MM. Dufrénoy & Élie de Beaumont
POUR SERVIR
A LA DESCRIPTION DE L'AGRICULTURE FRANÇAISE
publiée par ordre
de Mr le Ministre de l'Agriculture & du Commerce.
1843
TARN ET GARONNE
AVEYRON
HAUTE GARONNE
AUDE
HÉRAULT
MONTAUBAN
St Antonin
Montricoux
Villemur
St Sernin
Brusque
St Gervais
SIGNES CONVENTIONNELS.

TABLE DES MATIÈRES

CONTENUES DANS CET OUVRAGE.

FIN DE LA TABLE DES MATIÈRES.

www.ingramcontent.com/pod-product-compliance
Lightning Source LLC
LaVergne TN
LVHW011215170726
843501LV00002B/249